#한끼로충분해
#맛있게배부르게건강하게
#셰프의한끗다른샐러드

맛있는 요리를 만드는 레시피가 있는 것처럼 웃음, 힐링, 성장을 만드는 레시피도 있을까요?
레시피팩토리는 모호함으로 가득한 이 세상에서 당신의 작은 행복을 위한 간결한 레시피가 되겠습니다.

매일 만들어 먹고 싶은

식사샐러드

"매일 맛있고 배부르게,
저는 샐러드로 식사합니다"

저에게 샐러드는 언제나 '한 끼'였어요. 아침에는 간단한 과일과 채소 위주로 가볍게, 점심에는 탄수화물을
더해 푸짐하게, 저녁에는 단백질 재료를 더해 든든하게 샐러드로 식사를 하곤 하죠. 그런데 아직까지
샐러드는 '사이드디쉬'라는 인식이 강해요. 아무리 정성이 들어가고 좋은 재료로 만들어도 샐러드는
'그래 봤자 샐러드'라는 억울한 취급을 벗어나지 못하지요. 그래서 이 책을 만들게 됐습니다. 샐러드도 식사가
될 수 있다는 것을, 다이어트식이 아닌 건강한 일상식이 된다는 것을 많은 분들에게 알리고 싶었어요.

제가 샐러드로 식사를 자주 한다고 하면 주변에서 종종 듣는 말이 또 있습니다.
"샐러드 만드는 것 번거롭지 않아?"
그래서 곰곰이 생각했어요. 왜 샐러드를 번거롭다고 생각할까? 생각 끝에 다다른 결론은, 사람들이 생각하는
샐러드와 제가 생각하는 샐러드의 개념이 다르다는 사실이에요.
제가 가장 좋아하는 샐러드는 구운 채소에 싱싱하게 살린 잎채소와 허브, 질 좋은 올리브유만 뿌려 먹는
심플한 샐러드예요. 거기에 뭔가 부족하다 싶으면 약간의 단백질을 보충하는 식이죠. 이렇게만 해도 훌륭한
샐러드가 완성돼요. 그렇지만 대부분의 사람들은 '샐러드'라고 하면 현란한 드레싱을 떠올려요.
드레싱이 샐러드의 맛을 좌우하는 중요한 요소인 것은 맞습니다. 하지만 모든 샐러드에 드레싱이 있어야 할 필요는
없어요. 저는 이 책을 보는 분들이 드레싱보다 채소 본연의 맛을 즐기길 바랍니다. 물론 이 책에서 소개하는
대부분의 샐러드에도 드레싱을 곁들입니다. 하지만 드레싱으로 샐러드 전체의 맛을 덮어버리는 것이 아닌,
드레싱으로 인해 샐러드 맛을 더 잘 느낄 수 있길 바랍니다. 그게 드레싱의 진짜 역할이라고 생각해요.

이 책을 처음 볼 때는 우선 레시피를 그대로 따라 해보세요. 셰프로서 샐러드 마니아로서 자신 있게
소개할 만한 레시피를 담았습니다. 하지만 저는 최종적으로, 이 책을 보는 분들이 '나만의 샐러드' 레시피를
갖게 되길 바랍니다. 그러기 위해 샐러드에 이렇게 한번 접근해보세요.

첫째, 제철 채소를 이용해요. 텃밭에 자라는 채소, 시장에 가면 보이는 계절 채소들은 가장 훌륭한 재료입니다.
그 다음 어떻게 조리하면 맛있을까 생각해요. 생으로 먹을지, 구울지, 데칠지 조리법을 연상해보세요.

둘째, 어떤 재료와 함께 먹으면 좋을지 조합해요. 채소와 채소도 좋고, 과일·곡류·해산물·육류 등 채소가 아닌
다른 재료와의 조합도 좋습니다. 계속 시도하다 보면 틀림없이 훌륭한 맛의 조합을 발견하게 될 거예요.

셋째, 어울리는 드레싱을 찾아보세요. 가장 기본적인 소금, 후추, 올리브유부터 오일 드레싱, 마요네즈 드레싱,
요거트 드레싱, 과일 드레싱 등의 조합을 다양하게 매치해봐요. 때로는 화려한 드레싱보다
향긋한 올리브유 한 큰술이 더 도움이 되기도 하고, 때로는 두 가지 드레싱을 같이 넣을 때 더 맛있기도 합니다.

이런 과정을 통해 샐러드와 친해지고, 샐러드를 먹는 즐거움을 알게 되길 바랍니다.
건강한 습관을 위한 샐러드는 한 끼 때우는 용이 아닌 생활이 되어야 한다고 생각해요. 이 책의 레시피를
따라 하다보면 어느 순간 다양한 채소와 재료, 드레싱의 조합을 찾으면서 나만의 샐러드를 만들어내는
샐러드 고수가 되어있을 것이라고 확신합니다.

———————————————————————————— 2022년 여름, 남정석

chef's guide

식사샐러드 기본 가이드

abc 가이드

a **advanced**
준비 과정이 다소 많지만
도전할 만한 맛있는 레시피

b **beginner**
재료, 조리법이 모두 간단한
초보자를 위한 쉬운 레시피

c choice
저자가 특히 추천하는 레시피

이 책의 모든 레시피는요!

☑ **표준화된 계량도구를 사용했습니다.**

- 1컵은 200㎖, 1큰술은 15㎖, 1작은술은 5㎖ 기준입니다.
- 계량도구 계량 시 윗면을 평평하게 깎아 계량해야 정확합니다.
- 밥숟가락은 보통 12~13㎖로 계량스푼(큰술)보다 작으니
  감안해서 조금 더 넉넉히 담아야 합니다.

☑ **채소는 중간 크기를 기준으로, 드레싱 완성량은 넉넉하게 제시했습니다.**

- 오이, 당근, 가지, 호박, 감자 등 개수로 표시된 채소는
  너무 크거나 작지 않은 중간 크기를 기준으로 개수와 무게를 표기했습니다.
- 드레싱은 완성량을 넉넉히 제시했으니 먼저 70% 정도만 더해 맛을 본 후
  기호에 맞춰 추가하면 좋습니다. 남은 드레싱은 냉장고에 보관했다가 활용하세요.

Breakfast & Brunch

아침 & 브런치 식사샐러드

Lunch

점심 식사샐러드

Dinner

저녁 식사샐러드

chef's guide

식사샐러드 기본 가이드

양상추, 토마토, 달걀… 언뜻 보면 별다를 것 없어 보이지만 작은 차이가 완벽한 식사샐러드를 만드는 법.
자주 등장하는 재료의 손질법부터 활용법, 맛을 배가시키는 드레싱 조합까지
셰프의 한 끗 다른 비법을 모두 알려드립니다.

식사샐러드 알아보기

[식사샐러드란?]

샐러드가 다이어트 때만 가끔 먹는 대용품이 아닌
하루 세 끼를 '식사처럼' 먹을 수 있도록 하는 것에 포인트를 두었어요.
밥을 먹은 것처럼 든든하도록 메뉴 전반에 두부, 달걀, 육류 등
다양한 단백질 재료를 더하고 하루에 필요한 열량을 고려해 아침·점심·저녁 메뉴를
구성했습니다. 또 매일 준비해서 먹는 데 부담이 없도록 친숙한 재료를 사용,
쉽게 따라할 수 있도록 했습니다.

아침 & 브런치 식사샐러드

바쁜 아침 빠르게 만들 수 있도록 재료가 간단하고 조리법이 쉽습니다.
대체로 상큼한 맛으로 입맛을 돋우며 빵 한두 조각 곁들이기 좋은 메뉴입니다.

점심 식사샐러드

하루 중 에너지가 가장 많이 필요한 시간, 통곡물 라이스나 파스타 등 탄수화물 재료를
더해 포만감 있는 한 끼가 되도록 했어요. 도시락 메뉴로도 좋습니다.

저녁 식사샐러드

체중 관리할 때 먹기 좋은 가벼운 샐러드부터 메인 요리로도 손색없는 고기·해산물 샐러드까지
다양하게 담았습니다. 단백질이 풍부해 저녁 내내 든든합니다.

[이건 꼭 기억하세요!]

① 잎채소는 미리 씻어 물기를 뺀 후 냉장 보관해요

잎채소는 미리 씻어서 물기를 뺀 후 냉장실에 넣으면 더 아삭하고 싱싱해져요. 물기가 남아있으면
드레싱이 잘 묻지 않으니 물기를 빼는 것이 아주 중요해요. 채소 탈수기를 사용하기도 하는데
잎끼리 부딪혀 상하거나 접힐 수 있어 추천하지 않습니다. 찬물에 오래 담그는 것도 좋지 않아요.
많이 시들할 때는 식초를 약간 떨어뜨려서 5분 정도 둔 후 냉장 보관하는 것이 더 효과적입니다.

② 재료와 드레싱의 온도를 맞춰요

차갑게 먹는 샐러드는 드레싱도 차갑게 준비하세요. 대부분의 드레싱은 만든 직후 실온 상태인 것이
많은데, 오일이나 마요네즈 베이스 드레싱의 경우 냉장실에 넣어 차갑게 했다가 실온에 5분 정도
꺼내 둔 상태가 가장 맛있어요. 이때 오일 베이스 드레싱은 냉장 보관으로 기름이 굳을 수 있으니
잘 섞은 후 곁들이세요. 따뜻하게 먹는 샐러드는 따뜻한 재료와 차가운 재료가 겹치게 담기면 차가운
재료가 숨이 죽거나 익을 수 있으니 그릇에 재료가 겹치지 않게 담는 것이 좋습니다.

③ 드레싱은 넉넉히 만들어 다양하게 활용해요

드레싱 분량을 넉넉하게 소개했어요. 매 끼니 드레싱을 만드는 건 꽤나 번거로운 일이기에
한번에 넉넉한 양을 만들도록 했습니다. 너무 적은 양을 만드는 것보다 맛이 더 좋기도 하고요.
남은 드레싱은 냉장 보관하거나 다른 샐러드에 응용해보세요. 때론 두 가지 이상의 드레싱을
조합하는 것이 맛의 비법이 되기도 합니다(드레싱 레이어링하기 29쪽).

④ 오븐과 친해지면 편리해요

오븐에 채소를 익히면 팬에 익히는 것에 비해 대체로 더 부드럽고 촉촉하게 익어요. 또 팬과 달리
자주 뒤집을 필요가 없고 한번에 많은 양을 조리할 수 있어 편리합니다. 이 책에서도 오븐을
꽤 사용하는데, 오븐이 없다면 에어프라이어를 사용해도 무방하며 풍미는 다르지만 팬에 구워도
괜찮습니다. 오븐을 사용하는 레시피에는 팬에 굽는 방법도 함께 명시했어요.

⑤ 잎채소는 제일 아래에 깔아요

샐러드를 그릇에 담을 때 비교적 부피가 크고 가벼운 잎채소류는 제일 아래에 까는 것이 좋아요.
그 위에 무게감이 있는 다른 재료들을 올리고 올리브나 할라페뇨, 치즈, 허브 등은 가장 마지막에
골고루 뿌리듯이 담습니다. 재료가 다양해 알록달록한 샐러드의 경우에는 재료들이 각각 잘 보이도록
펼쳐 담는 것도 예뻐요. 모든 샐러드의 마지막에 엑스트라 버진 올리브유를 한두 바퀴 둘러주면
향과 윤기는 물론 촉촉하게 즐길 수 있습니다.

식사샐러드 재료 비법

샐러드는 왜 사 먹는 것이 더 맛있을까요? 정답은 의외로 기본 재료에 있습니다.
샐러드 채소를 아삭하게 살리는 것, 허브로 맛과 향의 포인트를 더하는 것,
잘 어울리는 식초와 오일을 사용하는 것… 이런 한 끗들이 모여 맛의 차이를 만들지요.
완벽한 샐러드를 위한 세프의 재료 비법을 소개합니다.

[잎채소]

'샐러드' 하면 가장 먼저 떠오르는, 샐러드의 가장 기초가 되는 재료입니다.
흔히 사용하는 양상추 외에도 개성 있는 맛과 색, 모양을 가진 다양한 잎채소가 있답니다.
미리 손질해두면 언제든 간편하게 싱싱한 샐러드를 즐길 수 있어요.

로메인

적근대

믹스 샐러드 (로메인 + 적근대 + 라디치오 + 치커리 + 버터헤드상추)

색감, 풍미, 가격, 대중성 등을 고려해 다섯 가지 잎채소를 선택했어요.
넉넉히 준비해 밀폐용기에 담아 냉장 보관하면 샐러드 준비가 한결 쉬워집니다.
다섯 가지 외에 다른 잎채소로 얼마든지 대체 가능해요.

1 썰기
로메인, 적근대, 라디치오,
치커리, 버터헤드상추를
큰 것은 길게 2등분한 후
4cm 길이로 썬다.

2 씻기
찬물에 식초 1작은술,
잎채소를 넣어 10분간
둔 후 흐르는 물에 충분히
헹군다. 식초를 더하면
잎이 더 싱싱해지고 살균
효과도 있다. 단, 식초를
너무 많이 넣으면 채소
보관 시 상태가 나빠질 수
있으니 주의한다.

3 물기 빼서 보관하기
체에 밭쳐 물기를 완전히
뺀 후 밀폐용기에 옮겨
냉장 보관하면 싱싱한
샐러드를 맛볼 수 있다.
용기에 너무 많은 양을
넣으면 짓눌려서 잎이
손상되니 주의한다.
윗면에 젖은 키친타월을
깔면 더 오래 보관할 수
있다.

라디치오

치커리

버터헤드상추

통상추류 (통로메인, 양상추, 버터헤드상추 등)

뿌리 밑동이 있는 통상추류는 썰어서 보관하는 것보다 그대로 보관하는 것이 더 싱싱해요.
밑동을 제거하지 않고 그대로 세척, 보관한 후 요리할 때 용도에 맞게 썰어요.

1 씻기
찬물에 식초 1작은술,
통상추를 넣어 10분간 둔다.
간혹 잎 사이에 벌레나
흙이 묻어있는 경우가
있으므로 흐르는 물에
잎 사이사이를 세척한다.

2 물기 빼기
체에 밭쳐 물기를
완전히 뺀다.

3 보관하기
밀폐용기에 옮겨 냉장
보관한다. 이때 채소끼리
눌리지 않도록 공간을
여유 있게 두고, 완전히
밀폐되는 용기보다 가볍게
뚜껑을 덮을 수 있는 것이
더 좋다.

어린잎 & 허브류 (어린잎채소, 와일드 루꼴라, 허브 등)

연한 잎채소는 짓무르거나 상하기 쉬우므로 최대한 부드럽게 다뤄요.
세척할 때도 짧은 시간 찬물에 담가서 씻거나 물을 약하게 틀어 놓고 씻어야 해요.
보관 시 물기가 많은 상태에서 냉장고에 오래 두면 얼어버릴 수 있으니 주의해요.

1 씻기
찬물에 식초 1작은술,
어린잎이나 허브를 넣어
10분간 둔 후 물을 약하게
틀고 살살 헹군다.

2 물기 빼기
체에 밭쳐 물기를
완전히 뺀다.

3 보관하기
밀폐용기에 옮겨 냉장
보관한다. 이때 채소끼리
눌리지 않도록 공간을
여유 있게 둔다. 윗면에
젖은 키친타월을 깔면
더 오래 보관할 수 있다.

파슬리

서양 요리에서 파슬리는 마지막에 향을 더하거나, 주재료와 부재료가 잘 어울리도록 풍미를
이어주는 역할을 해요. 파슬리는 꼬불꼬불한 모양의 컬리 파슬리와 이탈리안 파슬리가 있는데,
향과 식감은 서로 다르지만 교차 사용이 가능합니다. 컬리 파슬리는 주로 장식용으로 사용하고,
맛과 향을 낼 때는 이탈리안 파슬리가 적합해요.

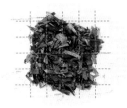

1 씻어서 물기 빼기
찬물에 10분간 담가
싱싱하게 살린 후
잎만 떼서 키친타월에
올려 물기를 뺀다. 그대로
냉장실에 1시간 정도 두면
물기가 제거되면서
더 생생하게 살아난다.
너무 오래 두면 다시
마를 수 있으니 주의한다.

2 썰기
물기가 마른 파슬리잎은
그냥 다지는 것보다
한 덩어리로 가볍게
뭉쳐서 사진처럼
채 썰 듯이 썰고,
반대 방향으로 돌려서
다시 써는 것이 좋다.
이렇게 하면 뭉침과
갈변이 적어 오래
사용할 수 있다.

3 보관하기
밀폐용기에 키친타월을
깔고 파슬리 썬 것을 올려
냉장하면 3~4일 정도
보관이 가능하다.

이탈리안 파슬리

컬리 파슬리

(tip) 허브 대체하기

셀러리잎을 다져 허브 대신
사용해도 향긋해요. 생허브를
말린 허브로 대체하면 풍미가
떨어질 수 있으니 생허브가
없다면 대체하기보다 생략하는
것을 추천해요. 말린 허브는
생허브로 대체해도 무방합니다.

[토마토]

토마토는 맛, 색감, 영양면에서 샐러드에 가장 많이 활용하는 재료 중 하나예요.
대추방울토마토, 대저토마토, 레인보우토마토, 에어룸토마토, 송이토마토 등 종류가 다양하며
조리법에 따라 다양한 형태로 활용할 수 있습니다.

굽기

큰 토마토는 적당한 크기로 썰어서, 방울토마토는 2등분해서 구워요.
겉면의 껍질이 터지면서 색이 나는 정도가 적당합니다.

1 팬에 굽기
키친타월로 토마토의
물기를 제거한다.
달군 팬에 식용유를 약간
두른 후 토마토, 소금을
넣고 겉면의 색이 나도록
센 불에서 1~2분간 굽는다.
너무 약한 불에서 구우면
수분이 빠져나오고 식감이
물컹해지므로 주의한다.

2 오븐 또는 에어프라이어에 굽기
토마토에 소금과 통후추
간 것 약간씩, 엑스트라 버진
올리브유 1~3큰술을
뿌린 후 200℃로 예열한
오븐이나 에어프라이어에서
10분간 굽는다.

말리기

식품건조기나 오븐을 사용해서 말려요. 시즈닝 없이 말리면
표면이 깨끗해서 좀 더 오래 보관할 수 있고, 시즈닝을 하면 맛이 더 좋아져요.

1 토마토를 원하는 크기로
썬다. 시즈닝을 할 경우
소금, 통후추 간 것,
허브(타임 추천), 엑스트라
버진 올리브유를 약간씩
뿌리고 토마토의 당도에
따라 설탕을 추가한다.

2 3~4cm 크기의 방울토마토
기준으로 오븐은 100℃에서
90분, 건조기는 60℃에서
6~8시간 정도 말린다.
토마토 크기에 따라 시간을
가감한다.

데쳐서 껍질 벗기기

토마토의 껍질을 벗기면 훨씬 부드럽게 먹을 수 있어요. 껍질은 끓는 물에 살짝 데치면 쉽게
벗겨지고, 데친 후 바로 찬물에 헹궈야 너무 물러지는 것을 막을 수 있습니다.

1 방울토마토는 칼끝이나
이쑤시개로 2~3군데씩
살짝 찌르고, 큰 토마토는
윗면에 열십자로 칼집을
넣는다.

2 끓는 물에 토마토를
넣고 껍질이 터지면
바로 건진다.

3 얼음물 또는 차가운 물에
담가 완전히 식힌 후
손으로 껍질을 벗긴다.

절이기

데친 방울토마토는 기호에 따라 설탕이나 과일청, 소금, 식초, 허브 등을 이용해 절인 후
병에 보관하면 좀 더 오래 맛있게 즐길 수 있어요. 절일 때는 토마토 자체에서 수분이 나오기
때문에 물은 따로 넣지 않는 것이 좋습니다.

1 방울토마토를 데친 후
껍질을 벗긴다
(17쪽 참고).

2 소독한 유리병에
방울토마토를 담고
토마토가 덮일 정도로
설탕을 넣은 후
레몬 슬라이스, 바질을
약간씩 넣는다.

* 설탕이 많이 들어가도
토마토에서 수분이 나오기
때문에 많이 달지 않아요.

(tip) 병 소독하기
끓는 물에 병을 넣고
1분 정도 삶은 후
물기를 완전히 말리거나
200℃ 오븐에 넣고
2~3분간 살균해요.

토마토 콩피(Tomato Confit)

콩피는 보통 육류를 오일류와 함께 저온에서 서서히 익히는 조리법을 말해요.
토마토 같은 채소로 콩피를 만들 때는 오일과 허브, 향신료를 넣고 오븐 또는 팬에서
서서히 익힙니다. 샐러드에 더하거나 빵, 치즈와 함께 먹으면 맛있어요.

1 오븐팬에 방울토마토 20개, 마늘 5쪽,
올리브유 1컵, 소금 1작은술,
통후추 간 것 1/2작은술, 타임 또는
바질 약간을 넣는다.

2 180℃로 예열한 오븐에서 15~20분간
속이 무를 때까지 익힌다.
완전히 식힌 후 소독한 유리병에 담는다.

[적양파]

이 책에서는 일반 양파보다 적양파를 더 많이 사용해요.
적양파는 일반 양파보다 단맛이 많고 색도 예뻐서 비주얼적으로도 포인트가 된답니다.
적양파가 없다면 일반 양파를 사용해도 좋아요.

1 썰기
결 반대로 동그란 모양을
살려 얇게 썬다. 칼로 얇게
썰기 어렵다면 채칼을
이용해도 좋다. 양파가
단단하지 않거나 칼이
잘 들지 않으면 손을
다칠 수 있으니 주의한다.

2 물에 담그기
찬물에 5분 정도 담그면
양파의 매운맛이 빠지고
식감도 아삭하게 살아난다.

[달걀]

단백질이 부족하기 쉬운 샐러드에서 달걀은 가장 손쉽게 단백질을 채워주는 재료입니다.
서니사이드업이나 수란을 곁들이면 톡 터트려 드레싱처럼 먹기 좋고, 스크램블이나 삶은 달걀을 곁들이면
더 든든하게 먹을 수 있어요. 싱싱한 달걀을 사용해야 모양이 예쁘게 나온다는 점을 기억하세요.

수란

수란은 뜨거운 물에 달걀을 넣어 살짝 익히는 조리법이에요. 흰자는 부드럽게 익고
노른자는 거의 익지 않아서 노른자를 터트려 드레싱처럼 먹을 수 있어요. 여러 개 만들 때는
한꺼번에 넣지 말고 한 개씩 만들어야 해요.

1 볼에 달걀을 깨서 넣는다.

2 냄비에 물(5컵) + 소금
(1작은술) + 식초(1큰술)를
넣고 중간 불에서 끓인다.
75~80℃ 정도로 끓으면
(바글바글 끓지는 않지만
뜨거운 김이 나는 정도)
달걀을 한쪽으로 살살
붓는다.

3 2분 30초간 그대로 익힌 후
조심히 건진다. 키친타월에
올려 물기를 뺀다. 이때
노른자가 터지지 않게 주의한다.
* 익히는 시간은 기호에 따라
조절해요. 달걀을 건질 때
작은 체나 구멍이 뚫린
면국자를 사용하면 편리해요.

서니사이드업

동그란 노른자가 태양이 떠오르는 모습과 비슷하다고 해서 붙여진 이름이에요. 약한 불에서
천천히 익혀야 흰자의 표면도 깨끗하고 노른자가 터지지 않아 예쁜 모양을 만들 수 있어요.

1 팬에 식용유 2~3큰술을
두르고 중간 불에서
1분간 달군 후 달걀을
조심히 깨 넣는다. 흰자가
넓게 퍼졌다면 달걀이 익기
전에 빨리 모양을 잡는다.

2 약한 불로 줄여 3~4분간
그대로 익힌다.
* 뚜껑을 덮어 익히면 표면이
더 빨리 익어요. 이때 불이
세면 흰자에 기포가 생기므로
계속 약한 불에서 익혀요.

스크램블

부드러운 스크램블을 위해서는 불 세기와 시간 조절이 가장 중요해요.
팬에 남은 열로 더 익지 않도록 완성한 후에는 바로 그릇에 옮겨야 합니다.

1 달걀 3개를 볼에 깨서
잘 저은 후 체에 걸러
알끈을 제거한다.

2 코팅팬에 버터, 엑스트라
버진 올리브유를
각각 1큰술씩 넣고
중간 불에서 달군다.
버터가 녹으면 달걀물을
붓고 반쯤 익으면
젓가락으로 살살 저어가며
1분간 볶는다.

3 불을 끄고 생크림,
딜(생략 가능)을 넣어
살살 섞는다.
수분이 남아있도록
부드럽게 익힌 후
바로 그릇에 담는다.

삶은 달걀

냉장고에서 꺼내 반나절 이상 실온에 두면 급격한 온도차에 의해 달걀이 깨지는 것을 막을 수 있어요. 급하게 삶아야 한다면 차가운 달걀을 미지근한 물에 담가 온도를 맞춥니다. 삶은 후에는 바로 찬물에 담그면 달걀이 수축하면서 껍데기 아래 공간이 생겨 껍데기가 깨끗하게 벗겨져요.

1 냄비에 물 없이 달걀을 하나씩 넣은 후 달걀이 잠길 때까지 물을 조금씩 천천히 붓는다. 이때 소금 1/2작은술, 식초 1작은술을 넣으면 달걀이 터졌을 때 더 이상 흘러내리지 않는다.

2 불을 켜고 센 불에서 물이 끓을 때까지 한쪽 방향으로 달걀을 굴린다. 물이 끓으면 중간 불로 줄인 후 반숙은 6분, 완숙은 12분간 삶는다.
* 달걀이 익기 전에 굴려주면 노른자가 가운데로 와요.

3 달걀을 건져 흐르는 찬물에 식힌 후 찬물에 담가 열기를 충분히 뺀다. 냉장실에 1~2시간 정도 넣어두면 껍데기가 더 잘 벗겨진다.

반숙
6분

촉촉하게, 부드럽게
즐기고 싶다면?

완숙
12분

완전히 삶아
요리에 사용하기 제격!

[견과류]

샐러드 토핑으로는 호두, 아몬드, 피칸 등이
많이 쓰여요. 개봉해서 공기와 접촉하면
특유의 냄새가 생기기 때문에
사용하기 전에 굽는 것이 좋습니다.

1 팬에 굽기
달군 팬에 식용유를
두르지 않고 중간 불에서
3~5분간 굽는다.

2 오븐에 굽기
160℃로 예열한 오븐
또는 에어프라이어에서
4~5분간 굽는다.

[식초]

이 책에서는 메뉴에 따라 여러 가지 식초를
사용합니다. 서로 다른 식초로
대체 가능하지만, 산도가 높은 2배 식초는
사용하지 않는 것이 좋습니다.

1 화이트와인식초
이 책에서 가장 많이 쓴 식초. 깔끔한 풍미와 적당한 산미가
있어서 대부분의 샐러드에 잘 어울린다. 하나쯤 구비하길 추천!

2 레드와인식초
레드와인을 발효시켜 만든 식초.
향이 강한 부재료와 함께 사용하기 좋다.

3 샴페인식초
샴페인을 발효시켜 만든 식초로 부드럽고 산뜻한 풍미가 있어
고급스러운 샐러드에 조금씩 사용하기 좋다.

4 발사믹식초
포도를 숙성해 만든 식초로 이탈리아 요리에 많이 사용한다.
새콤달콤한 풍미를 가지고 있으며 질 좋은 엑스트라 버진
올리브유와 잘 어울린다.

5 감식초
한식이나 일식 샐러드에 쓰기 좋은 식초. 다른 식초에 비해
산도가 낮은 편이라 부드러운 신맛을 내고 싶을 때 사용한다.

6 양조식초
쌀, 맥류, 곡류 등으로 만든 술을 원료로 하여 아세트산 발효로
만든 일반 식초. 식초의 기본이라고 할 수 있으며 여기에
과실 원액을 넣어 과일식초(사과식초, 레몬식초 등)를 만든다.

[크루통 & 러스크]

'빵의 껍질'이란 뜻인 '크루통(croûton)'은 빵을 주사위 모양으로 썰어 굽거나 튀긴 것을 말하고,
'러스크(rusk)'는 보통 빵에 시즈닝을 해서 굽는 것을 말합니다. 샐러드에 크루통과 러스크를 올리면
바삭한 식감과 포만감이 더해져 샐러드가 한층 업그레이드됩니다.

크루통

샐러드나 수프의 토핑으로 사용하며 먹다 남은 빵을 활용하기 좋아요. 호밀빵, 바게트 같은
딱딱한 빵은 너무 오래 굽지 않고, 부드러운 식빵류는 오래 구워 바삭하게 만들어요.

1 딱딱한 빵은 얇고 길게
썰고, 부드러운 빵은
큼직하게 주사위 모양으로
썬다.

2 달군 팬에 식용유 또는 버터를
두르고 중간 불에서 딱딱한 빵은 3분,
부드러운 빵은 6분간 노릇하게 굽는다.
오븐 또는 에어프라이어에 구울 때는
엑스트라 버진 올리브유를 뿌린 후
160℃로 예열한 오븐에서 딱딱한 빵은
3~4분, 부드러운 빵은 8~10분간 굽는다.

허브 러스크

브리오슈 또는 식빵으로 만드는 것이 좋아요. 부드러운 속 부분보다 양 끝의 딱딱한 부분이
구웠을 때 더 맛있고, 남는 부분을 활용할 수 있어서 좋아요. 브리오슈가 없다면
식빵 테두리를 활용해서 만들어요.

1 적당한 크기로 썬
브리오슈나 식빵 테두리에
파프리카 파우더(생략
가능), 터메릭 파우더
(또는 카레가루), 소금,
말린 오레가노, 엑스트라
버진 올리브유를 약간씩
뿌린다. 기호에 따라
설탕이나 꿀, 올리고당 등을
더한다.

2 160℃로 예열한 오븐 또는
에어프라이어에서
갈색이 날 때까지
10~15분 정도 말리듯이
굽는다. 팬에서 구우면
한쪽 면만 구워져
계속 뒤집어야 하므로
오븐이나 에어프라이어에
굽는 것을 추천한다.

(tip) 허브 러스크로
크럼블 만들기

허브 러스크 구운 것을
푸드프로세서로 곱게 갈면
크럼블이 돼요. 요리나
샐러드에 토핑으로 뿌리면
색다르게 즐길 수 있어요.

[통곡물 라이스]

다양한 통곡물을 섞어 만든 일종의 밥으로, 샐러드에 더하면 맛, 식감, 영양, 포만감까지 챙길 수 있어요.
곡물은 다른 여러 가지 종류로 대체해도 좋습니다. 냉장 3~4일, 냉동 1개월간 보관 가능해요.

재료(약 3~4회분)
- 현미 1컵
- 수수 1/2컵
- 귀리 1/2컵
- 병아리콩 1/2컵
- 레몬 1/2개
- 설탕 1작은술
- 소금 1/2작은술
- 물 2컵(400㎖)

1 볼에 현미, 수수, 귀리,
병아리콩과 잠길 만큼의
물을 담고 20분간 불린다.
* 병아리콩은 1시간 이상
불리면 더 부드러워요.

2 불린 곡물은 체에 밭쳐
물기를 뺀다.

3 냄비에 모든 재료를 넣고
뚜껑을 덮어 센 불에서
끓인다. 끓어오르면
약한 불로 줄여 20분간
끓인 후 불을 끄고 10분간
뜸을 들인다.

(tip) **압력솥으로 만들기**
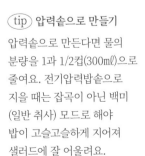
압력솥으로 만든다면 물의
분량을 1과 1/2컵(300㎖)으로
줄여요. 전기압력밥솥으로
지을 때는 잡곡이 아닌 백미
(일반 취사) 모드로 해야
밥이 고슬고슬하게 지어져
샐러드에 잘 어울려요.

[당근 라페]

당근 라페는 쉽게 말해 프랑스식 당근 생채라고 할 수 있어요.
손쉽게 만들 수 있는 샐러드 가니쉬이자 그 자체로 하나의 간단한 샐러드가 된답니다.
채칼의 굵기에 따라 맛과 식감이 달라지니 좋아하는 굵기를 찾아보세요.

재료(약 2~3회분)
- 당근 1개
- 설탕 1큰술
- 레몬즙 1큰술
- 엑스트라 버진 올리브유
  1큰술
- 소금 1작은술
- 오렌지주스 1/4컵(50㎖)
- 통후추 간 것 약간

1 칼 또는 채칼을 이용해
당근을 채 썬다.

2 볼에 모든 재료를 넣고
가볍게 버무린다. 바로 먹거나
살짝 절인 후 먹는다.

* 파슬리를 다져서 넣거나
말린 허브가 있다면 더해도
좋아요.

식사샐러드 드레싱 모아보기

저자의 노하우를 듬뿍 담은 식사샐러드 드레싱을 한눈에 볼 수 있도록 네 가지 맛으로 나눴어요.
기호에 맞게, 재료에 맞게 매일의 식사샐러드에 활용하세요.

올리브유와 식초로 산뜻하고 가벼운 맛을 낸 드레싱

가장 간단하게 만드는 기본 드레싱이라고 할 수 있어요. 맛이 강하지 않은 대신 양질의 올리브유와 식초를
사용해 만들면 샐러드의 맛을 확 끌어올립니다. 다이어트용으로 추천해요!

| 메이플 발사믹 드레싱(37쪽) | 허니 오렌지 드레싱(41쪽) | 머스터드 드레싱(45쪽) | 머스터드 비네그렛(47쪽) | 감귤 드레싱 (49쪽) | 레몬 오일 드레싱(55쪽) |

| 토마토 바질 드레싱(63쪽) | 허니 레몬 드레싱(67쪽) | 이탈리안 드레싱(81쪽) | 홀그레인 머스터드 드레싱(111쪽) | 레드와인 드레싱(117쪽) | 카탈리나 드레싱(127쪽) |

과일 또는 요구르트로 상큼하고 달콤한 맛을 낸 드레싱

아이들이 특히 좋아해요. 과일이나 요구르트 베이스의 드레싱은 유통기한이 짧아 3~4일내에 먹는 걸 추천해요.
육류 샐러드와도 아주 잘 어울린답니다.

| 요거 마요 드레싱(35쪽) | 파인애플 마요 드레싱(53쪽) | ABC 드레싱 (57쪽) | 레몬 생강 드레싱(61쪽) | 할라페뇨 요거트 드레싱(101쪽) | 허니 요거트 드레싱(139쪽) |

<u>마요네즈나 크림</u> 등으로 묵직하고 고소한 맛을 낸 드레싱

남녀노소 누구나 좋아하는 드레싱이에요.
부드러운 잎채소보다 씹히는 식감이 있는 재료들과 함께 먹으면 더 맛있어요.

사워크림
드레싱(43쪽)

고수 랜치
드레싱(75쪽)

열무 페스토
(88쪽)

랜치 드레싱
(90쪽)

타이식 땅콩
드레싱(97쪽)

바질 페스토
(99쪽)

사우전 아일랜드
드레싱(103쪽)

캐슈넛
알프레도(109쪽)

시저 드레싱
(115쪽)

참치 드레싱
(132쪽)

<u>간장이나 유자청</u> 등으로 동양적이고 친숙한 맛을 낸 드레싱

한식과 잘 어울리는 드레싱이에요. 그래서 이 드레싱을 더한 샐러드는 반찬으로 즐겨도 좋답니다.
데치거나 찐 채소처럼 부드러운 식감의 재료와 잘 어울려요.

유자 간장
드레싱(73쪽)

타히니
(79쪽)

생강 미소
드레싱(93쪽)

참깨 마요
드레싱(95쪽)

유자 폰즈
드레싱(141쪽)

오리엔탈
드레싱(143쪽)

(tip) 드레싱 레이어링하기

두 가지 이상의 드레싱을 함께 사용하면 샐러드가 더
맛있어집니다. 예를 들어 통으로 썬 로메인에 되직한
시저 드레싱을 뿌린 후 오일 드레싱을 한번 더 뿌리면
로메인 잎 사이에 오일 드레싱이 스며들어 더 맛있어져요.

예시

시저 드레싱 115쪽 + 머스터드 비네그렛 47쪽

랜치 드레싱 90쪽 + 허니 오렌지 드레싱 41쪽

나만의 식사샐러드 만들기

이 책의 최종 목표는 나만의 식사샐러드를 만드는 것! 우선 냉장고를 열어 가장 마음에 드는 재료를
찾아보세요. 그 다음 아래 리스트를 보면서 어울릴 만한 것을 매치시켜요.
예를 들어 냉장고에서 닭가슴살을 찾았다면, 닭가슴살은 어떤 채소와 어울릴지, 어떤 견과류, 과일과
어울리는지 생각해보는 식이죠. 평소 좋아하는 맛이나 음식을 떠올리면 조금 더 쉬워져요.
아래 표는 레시피를 따라 하다가 대체 재료를 찾을 때도 유용하게 활용할 수 있어요.

Base 기본 잎채소		로메인, 양상추, 버터헤드상추, 치커리, 오크잎, 케일, 라디치오, 근대, 시금치, 루꼴라, 비타민, 양배추, 알배추, 어린잎채소 등
Extra **Vegetable** 추가 채소		깔끔한 맛의 열매 채소 토마토, 오이, 파프리카, 가지, 애호박, 주키니 등
		묵직한 맛의 뿌리 채소 & 전분질 채소 비트, 당근, 고구마, 감자, 단호박, 콜라비, 무, 연근, 마 등
		풍미와 식감을 더하는 그 외 채소 양파, 올리브, 브로콜리, 콜리플라워, 아스파라거스, 줄기콩, 셀러리, 셀러리악, 파닙스 등
		씹는 맛이 좋은 버섯 양송이버섯, 팽이버섯, 표고버섯, 느타리버섯, 새송이버섯 등
Fruit 과일		아보카도, 사과, 바나나, 배, 복숭아, 자두, 살구, 키위, 무화과, 딸기, 산딸기, 포도, 블루베리, 귤, 오렌지, 자몽, 참외, 수박, 메론 등

Carbohydrate
탄수화물 재료

곡물
현미, 보리, 귀리, 퀴노아, 카무트, 메밀, 율무, 수수, 옥수수 등

파스타 및 면
쿠스쿠스, 푸실리, 펜네, 리가토니, 마카로니, 스파게티,
우동면, 메밀면, 쌀국수, 소면, 소바면, 곤약면 등

Protein
단백질 재료

콩류 및 콩가공품
병아리콩, 렌틸, 강낭콩, 완두콩, 백태콩, 녹두, 서리태, 두부 등

해산물
새우, 연어, 오징어, 가리비, 홍합, 게살, 랍스터 등

육류 및 육가공품
닭고기, 돼지고기, 쇠고기, 양고기, 오리고기, 달걀, 프로슈토,
잠봉, 하몽, 베이컨, 소시지 등

Topping
토핑

맛과 식감을 더하는 견과류, 씨앗류, 건과일
호두, 피칸, 아몬드, 땅콩, 캐슈넛, 마카다미아, 헤이즐넛, 해바라기씨,
호박씨, 건무화과, 건자두, 건망고, 건포도, 건크랜베리 등

단백질과 진한 풍미를 더하는 치즈
그라나파다노 치즈, 파르미지아노 레지아노 치즈, 체다치즈,
모짜렐라치즈, 리코타치즈, 페타치즈, 고르곤졸라치즈, 에멘탈치즈,
고다치즈, 크림치즈, 마스카포네치즈, 부라타치즈, 보코치니치즈 등

Herb
허브

파슬리, 바질, 딜, 애플민트, 타임, 고수 등

Dressing
드레싱

오일 드레싱, 과일 드레싱, 요거트 드레싱, 마요네즈 드레싱,
간장 드레싱 등

Chapter 1

Breakfast
&
Brunch

아침 & 브런치 식사샐러드

아침을 깨워줄 상큼한 샐러드를 소개합니다. 재료가 간단하고 조리법도 쉬워서
바쁜 아침 식사로 제격이에요. 여기에 빵 한두 조각을 곁들이면 더욱 든든하게 즐길 수 있답니다.
여유로운 아침을 위해 전날 재료와 드레싱을 미리 준비해두세요.

사과 바나나 요거 샐러드

+ 요거 마요 드레싱

바쁜 아침에 가볍게, 쉽게, 빠르게 만들 수 있는 초간단 샐러드예요.
사과는 껍질째 넣어야 풍미가 좋고 담았을 때도 예쁩니다. 자칫 식상할 수 있는 사과와 바나나 조합에
셀러리가 향과 식감을 더해주는 역할을 하는데, 선호하지 않는다면 생략해도 괜찮습니다.

드레싱 만들기 요거 마요 드레싱 ························

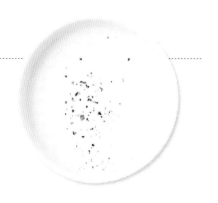

- 떠먹는 플레인 요구르트 1컵(200g)
- 마요네즈 4큰술
- 꿀 1큰술(또는 올리고당이나 아가베시럽)
- 소금 1/2작은술
- 통후추 간 것 약간

⋯→ 볼에 모든 재료를 넣고 섞는다.

샐러드 만들기 2~3인분 / 10~15분 ························

- 사과 2개
- 바나나 2개
- 셀러리 20cm(생략 가능)
- 호두 2큰술(또는 다른 견과류,
  시리얼, 그래놀라)
- 애플민트 4~5장
  (또는 어린잎채소, 생략 가능)
- 엑스트라 버진 올리브유 약간

1 _ 사과는 껍질째 큼직하게 깍둑썰고, 바나나도 비슷한 크기로 썬다.

2 _ 셀러리는 1.5cm 크기로 썬다.

3 _ 사과, 바나나, 셀러리, 호두와 드레싱을 가볍게 버무려 그릇에 담는다.
  * 너무 많이 버무리면 물이 생기니 주의해요.

4 _ 애플민트는 잎만 뜯어서 올리고 엑스트라 버진 올리브유를 뿌린다.

천도복숭아 루꼴라 샐러드

+ 메이플 발사믹 드레싱

여름이면 꼭 만들어 먹어야 하는 샐러드예요.
천도복숭아는 적당히 아삭한 식감과 향이 좋아 샐러드 재료로 잘 어울린답니다.
봄에는 딸기, 가을엔 무화과 등 제철 과일을 활용해보세요.

드레싱 만들기 메이플 발사믹 드레싱

- 메이플시럽 1큰술~1과 1/2큰술
- 발사믹식초 1과 1/2큰술
- 홀그레인 머스터드 1/2큰술
- 엑스트라 버진 올리브유 3큰술
- 소금 1/4작은술
- 통후추 간 것 약간

⋯→ 볼에 모든 재료를 넣고 섞는다.

샐러드 만들기 2인분 / 10~15분

- 천도복숭아 4~5개
  (또는 딸기, 무화과 등
  제철 과일, 500~600g)
- 와일드 루꼴라 약 2줌
  (또는 다른 잎채소, 90g)
- 피칸 1/4컵
  (또는 다른 견과류, 그래놀라)

1 _ 천도복숭아는 웨지 모양으로 썬다.

2 _ 와일드 루꼴라는 찬물에 씻은 후 체에 밭쳐 물기를 뺀다.

3 _ 그릇에 모든 재료를 담고 드레싱을 뿌린다.
　　* 리코타치즈나 파마산 치즈가루를 곁들여도 잘 어울려요.

1

2

허브 토마토 샐러드

재료를 얇게 저며서 만드는 카르파치오 스타일의 가벼운 샐러드예요. '에어룸 토마토'라는 토종 토마토를
사용했는데, 각각의 모양과 색깔이 달라 샐러드를 만들었을 때 특히 비주얼이 좋답니다.
에어룸 토마토가 없다면 완숙 토마토나 중간 크기의 캄파리 토마토로 만드세요.

* 에어룸 토마토
에어룸(heirloom)은 '유산', '가보'라는 뜻.
맛을 위해 다른 종과 교배하거나 유전자 조작을
거치지 않은 순종 토마토로, 개성 있는 외형과
알록달록한 컬러가 특징이다. 온라인 스토어나
백화점에서 구입할 수 있다.

샐러드 만들기 2인분 / 10~15분

• 에어룸 토마토 약 8~10개
　(또는 다른 토마토, 350~400g)
• 적양파 1/2개(또는 양파)
• 바질 8장
• 애플민트 1/2큰술
• 딜 1큰술
• 소금 약간
• 통후추 간 것 약간
• 화이트와인식초 3큰술
　(또는 다른 식초)
• 엑스트라 버진 올리브유 6큰술

1 _ 바질, 애플민트, 딜, 적양파는 잘게 다진다.

2 _ 토마토는 가로 방향으로 0.5~1cm 두께로 얇게 썬다.

3 _ 넓은 그릇에 토마토를 펼쳐서 깔고
　①의 허브, 적양파, 소금, 통후추 간 것을 골고루 뿌린다.

4 _ 화이트와인식초와 엑스트라 버진 올리브유를 골고루 뿌린다.
　* 엑스트라 버진 올리브유를 그릇에 자작할 정도로 뿌리면 더 맛있어요.

(tip) **허브 사용하기**
바질, 애플민트, 딜은 동량의 다른 허브로 대체하거나 한 종류만 사용해도 좋아요.

(tip) **달콤한 맛 더하기**
기호에 따라 꿀, 올리고당, 아가베시럽, 설탕 등 단맛을 더해도 좋아요.

ABC 샐러드

+ 허니 오렌지 드레싱

ABC 주스의 샐러드 버전입니다. 몸에 좋은 사과(Apple), 비트(Beet), 당근(Carrot)을
좀 더 맛있게 많이 먹을 수 있는 메뉴이지요. 여기에 크랜베리와 호두를 넣어 씹는 맛과 고소함을
더했어요. 사과, 비트, 당근의 양은 기호에 따라 가감해도 좋습니다.

드레싱 만들기 허니 오렌지 드레싱 ·······································

- 꿀 1큰술(또는 올리고당이나 아가베시럽) ···▸ 볼에 모든 재료를 넣고 섞는다.
- 오렌지주스 2큰술
- 사과식초 1큰술(또는 다른 식초)
- 엑스트라 버진 올리브유 3큰술
- 소금 1작은술
- 통후추 간 것 약간

샐러드 만들기 2~3인분 / 10~15분 ·······································

- 사과 1개
- 쌈케일 3장(또는 다른 잎채소)
- 비트 1/2개(200g)
- 당근 1/2개(100g)
- 호두 3큰술(또는 다른 견과류)
- 말린 크랜베리 2큰술
  (또는 다른 말린 베리류)

1 _ 사과는 껍질째 0.3cm 두께로 얇게 채 썬다.

2 _ 쌈케일, 당근, 비트도 비슷한 두께로 얇게 채 썬다.

3 _ 호두는 2등분한다.

4 _ 모든 재료와 드레싱을 가볍게 버무려 그릇에 담는다.

* 호밀빵이나 깜빠뉴에 올려서 샌드위치로 즐겨도 좋아요.

1

2

오이 감자 샐러드

+ 사워크림 드레싱

아삭한 오이의 식감과 부드럽게 삶은 감자의 조화가 좋은,
가벼운 아침 메뉴로 특히 잘 어울리는 샐러드예요.
모닝롤이나 식빵을 곁들여 먹으면 더욱 든든합니다.

드레싱 만들기 사워크림 드레싱

• 사워크림 4큰술
  (또는 되직한 그릭 요구르트)
• 마요네즈 4큰술
• 레몬즙 1큰술
• 설탕 1큰술
• 소금 1작은술
• 통후추 간 것 약간

⋯→ 볼에 모든 재료를 넣고 섞는다.

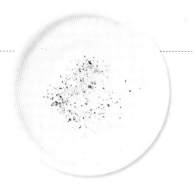

샐러드 만들기 2~3인분 / 30~40분

• 감자 2개(400g)
• 오이 1개(200g)
• 달걀 2개

1 _ 감자는 껍질을 벗긴 후 사방 2~2.5cm 크기로 깍둑썬다.

2 _ 냄비에 감자, 잠길 만큼의 물, 소금(1작은술)을 넣고 센 불에서 끓어오르면
중간 불로 줄여 15~18분간 익힌 후 체에 밭쳐 물기를 뺀다.
＊ 감자가 덜 익어서 서걱거리거나 너무 익어서 으깨지지 않도록
익히는 시간에 주의해요.

3 _ 냄비에 물(4컵), 소금(1/2작은술), 식초(1작은술)와 달걀을 넣고 센 불에서
끓어오르면 중간 불로 줄여 12분간 완숙으로 삶는다. 흐르는 찬물에 열기를
식힌 후 껍질을 벗기고 으깨듯이 대충 썬다(자세히 보기 22쪽).

4 _ 오이는 0.2cm 두께로 썬다. 소금 1작은술을 뿌려 5분간 절인 후
손으로 물기를 짠다.

5 _ 모든 재료와 드레싱을 가볍게 버무려 그릇에 담는다.

독일식 따뜻한 알감자 샐러드

+ 머스터드 드레싱

베이컨과 홀그레인 머스터드로 맛을 낸 독일식 알감자 샐러드는
따뜻하게 먹는 것이 맛있지만 차갑게 먹어도 매력적이에요.
넉넉한 분량으로 만들어 아침에는 따뜻하게, 저녁에는 차갑게 즐겨보세요.

드레싱 만들기 머스터드 드레싱

- 디종 머스터드 1큰술
- 홀그레인 머스터드 2큰술
- 화이트와인식초 2큰술(또는 다른 식초)
- 엑스트라 버진 올리브유 2큰술
- 설탕 2큰술
- 소금 1작은술
- 통후추 간 것 약간

⋯▸ 볼에 모든 재료를 넣고 섞는다.

*디종 머스터드는 전체적인 맛과
밸런스를, 홀그레인 머스터드는
톡톡 씹히는 맛을 주기 때문에
두 가지를 같이 쓰길 추천해요.
둘 중 한 가지만 있다면 동량으로
대체해도 좋아요.

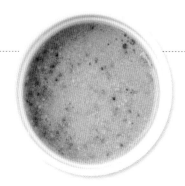

샐러드 만들기 2~3인분 / 30~35분

- 알감자 20~25개(또는 감자 3개, 600g)
- 양파 1개
- 베이컨 6줄
- 이탈리안 파슬리 약간
  (또는 셀러리잎, 생략 가능)

1 _ 알감자는 솔로 깨끗이 씻은 후 껍질째 2등분한다.

2 _ 냄비에 알감자, 잠길 만큼의 물, 소금(1작은술)을 넣고 센 불에서 끓어오르면
중간 불로 줄여 15~18분간 익힌 후 체에 밭쳐 물기를 뺀다.
*감자는 너무 센 불로 익히지 말고 물이 끓으면 불을 줄인 후
천천히 익혀야 깨지지 않고 속까지 잘 익어요.

3 _ 양파, 이탈리안 파슬리는 다진다. 베이컨은 잘게 썬다.

4 _ 달군 팬에 베이컨을 넣고 중간 불에서 3~4분간 노릇하게 볶다가
다진 양파를 넣고 2분간 더 볶는다.

5 _ 모든 재료와 드레싱을 가볍게 버무려 그릇에 담는다.

1

3

4

토마토 부라타 샐러드

+ 머스터드 비네그렛

토마토의 껍질을 벗기면 드레싱이 잘 배어들어 부드럽고 촉촉하게 먹을 수 있어요.
부라타치즈는 모짜렐라치즈에 크림을 넣어서 만든 아주 소프트하고 크리미한 치즈입니다.
부라타치즈를 반으로 갈라 흘러내리는 치즈를 다른 재료와 함께 떠먹어보세요.

드레싱 만들기 머스터드 비네그렛

- 디종 머스터드 1작은술
- 소금 1작은술
- 설탕 1큰술
- 꿀 1큰술(또는 올리고당이나 아가베시럽)
- 화이트와인식초 1큰술(또는 다른 식초)
- 레몬즙 1큰술
- 엑스트라 버진 올리브유 3큰술
- 말린 오레가노 1/4작은술(생략 가능)

↠ 볼에 모든 재료를 넣고 섞는다.

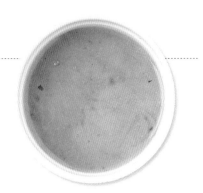

샐러드 만들기 2인분 / 15~20분

- 대추방울토마토 25개
- 부라타치즈 1개
  (또는 생모짜렐라치즈, 120g)
- 잠봉 2~3장(또는 프로슈토,
  하몽 등 생햄, 30g)
- 와일드 루꼴라 약 1줌
  (또는 다른 잎채소, 60g)
- 바질 3~4장(생략 가능)

1 _ 대추방울토마토는 꼭지를 제거하고 이쑤시개나 칼끝으로 2~3군데씩 찌른다.

2 _ 냄비에 대추방울토마토가 잠길 만큼의 물을 끓인다.
물이 끓으면 대추방울토마토를 넣고 30초~1분간 데쳐 껍질이 살짝 벗겨지면
건져서 찬물에 담가 손으로 껍질을 벗긴다.

3 _ 그릇에 모든 재료를 담고 드레싱을 뿌린다.

참치 토마토 샐러드

+ 감귤 드레싱

참치, 오이, 토마토, 올리브를 사용해 만든 지중해 느낌의 샐러드예요.
통조림 참치는 언제나 손쉽게 이용할 수 있는 단백질 공급원이랍니다.
많이 만들어 보관하는 것보다 먹을 만큼 바로바로 만들어 프레시하게 즐기는 것이 좋아요.

드레싱 만들기 감귤 드레싱

- 감귤 2개
  (또는 오렌지 1/2개, 140~150g)
- 감식초 2큰술(또는 다른 식초)
- 엑스트라 버진 올리브유 2큰술
- 설탕 1큰술
- 소금 1작은술

⟶ 푸드프로세서에 모든 재료를 넣고 곱게 간다.

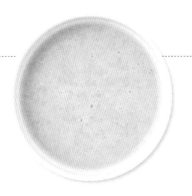

샐러드 만들기 2~3인분 / 20~25분

- 통조림 참치 1캔(살코기, 200g)
- 캄파리 토마토 6개
  (또는 방울토마토 12개)
- 오이 1개(200g)
- 적양파 1/2개(또는 양파)
- 그린올리브 10~13개(또는 블랙올리브)

1 _ 적양파는 결 반대로 동그란 모양을 살려 얇게 썬다.
  찬물에 10~15분 정도 담가 매운맛을 빼고 아삭한 식감을 살린다.

2 _ 오이는 1cm 두께로 썰고, 토마토는 4등분한다.

3 _ 통조림 참치는 체에 밭쳐 기름을 뺀다.

4 _ 모든 재료와 드레싱을 가볍게 버무려 그릇에 담는다.

스크램블에그 토마토 샐러드

부드럽게 익힌 스크램블에그와 구워서 소화 흡수율을 높인 토마토를 조합한
든든한 샐러드입니다. 이때 토마토는 반 정도만 익히는 것이 포인트!
여기에 리코타치즈 같은 소프트한 치즈를 곁들여도 잘 어울려요.

샐러드 만들기 2~3인분 / 20~30분 ··

- 달걀 6개
- 생크림 1큰술(또는 우유, 생략 가능)
- 대추방울토마토 12개
- 와일드 루꼴라 약간(또는 어린잎채소)
- 딜 약간(생략 가능)
- 구운 바게트 3~5조각
- 버터 1큰술
- 엑스트라 버진 올리브유 5큰술
- 소금 약간
- 통후추 간 것 약간

1 _ 달걀은 볼에 깨서 포크로 잘 저은 후 체에 걸러 알끈을 제거한다.

2 _ 코팅팬에 버터와 엑스트라 버진 올리브유를 각각 1큰술씩 넣고 중간 불에서 달군다.
버터가 녹으면 달걀물을 붓고 반쯤 익으면 나무 젓가락으로 살살 저어가며
2분간 볶아 스크램블 에그를 만든다(자세히 보기 21쪽).
* 불세기와 시간을 잘 조절해 달걀이 단단하게 익지 않도록 주의해요.

3 _ 불을 끄고 생크림, 딜을 넣어 살살 섞는다.
수분이 남아있도록 부드럽게 익힌 후 바로 그릇에 담는다.

4 _ 대추방울토마토는 2등분한다. 달군 팬에 엑스트라 버진 올리브유 2큰술을 두르고
센 불에서 1분간 구운 후 소금, 통후추 간 것을 약간씩 뿌린다.
* 토마토, 올리브유, 소금, 통후추 간 것을 섞은 후
200℃로 예열한 오븐이나 에어프라이어에서 10분간 구워도 좋아요.

5 _ ③의 그릇에 대추방울토마토, 와일드 루꼴라를 올리고 구운 바게트를 곁들인다.
소금과 통후추 간 것 약간, 엑스트라 버진 올리브유 2큰술을 뿌린다.

콜라비 알배추 코울슬로

+ 파인애플 마요 드레싱

양배추 코울슬로를 아삭한 콜라비와 은은하게 달콤한 알배추로 만들었습니다.
재료를 넉넉히 준비해 냉장고에 보관했다가 먹고 싶은 만큼 꺼내
드레싱에 버무려 먹으면 편해요. 치킨이나 고기 요리와 함께 즐겨보세요.

드레싱 만들기 파인애플 마요 드레싱

- 파인애플 링 1개(약 70g)
- 다진 양파 1큰술
- 마요네즈 4큰술
- 식초 1큰술
- 설탕 1큰술
- 소금 1/2작은술
- 통후추 간 것 약간

···→ 푸드프로세서에 모든 재료를 넣고
곱게 간다.

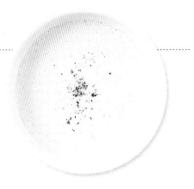

샐러드 만들기 2~3인분 / 15~20분

- 콜라비 1/2개(250g)
- 알배추 1/4통(또는 양배추, 200g)
- 피칸 약 1/4컵(또는 다른 견과류)
- 말린 크랜베리 약 1/4컵
  (또는 다른 말린 베리류)
- 다진 파슬리 약간(생략 가능)

1 _ 콜라비는 필러로 껍질을 벗긴 후 얇게 채 썬다.

2 _ 알배추는 사진과 같이 결 반대로 얇게 채 썬다.

3 _ 콜라비와 알배추를 찬물에 담가 씻은 후 체에 밭쳐 물기를 완전히 뺀다.
  * 체에 밭친 채로 냉장고에 넣어 1시간 이상 두면 식감도 아삭해지고
  물기가 완전히 제거돼 드레싱에 잘 버무려져요.

4 _ 그릇에 콜라비와 알배추를 담고 드레싱을 뿌린 후 피칸, 말린 크랜베리를
  올리고 다진 파슬리를 뿌린다.
  * 머스터드 비네그렛(47쪽)을 추가하면 더 맛있어요.

(tip) 샐러드 재료 보관하기

재료를 미리 준비해 냉장 보관할 경우 이틀을 넘기면 콜라비가 마르고
갈변할 수 있으니 오래 보관할 때는 젖은 면포나 키친타월을 덮으세요.

슈레드 캐비지 샐러드

+ 레몬 오일 드레싱

흔한 양배추 샐러드가 아닌 당근, 사과, 셀러리, 케일, 견과류를 더해
맛과 영양을 업그레이드한 샐러드예요. 토스트한 빵 위에 올리면 더욱 든든하고 근사한
오픈 샌드위치가 된답니다. 다른 요리에 곁들이기도 좋아요.

드레싱 만들기 레몬 오일 드레싱

• 레몬즙 4큰술
• 엑스트라 버진 올리브유 6큰술
• 꿀 2큰술(또는 올리고당이나 아가베시럽)
• 디종 머스터드 1작은술
• 소금 1작은술
• 통후추 간 것 약간

⋯→ 볼에 모든 재료를 넣고 섞는다.

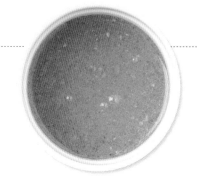

샐러드 만들기 2~3인분 / 20~30분

• 양배추 1/6통(250~300g)
• 적양배추 1/8통(약 150g)
• 쌈케일 3장
• 사과 1/2개
• 셀러리 20cm(약 40g)
• 당근 1/3개(약 70g)
• 호박씨 2큰술(또는 다른 견과류)

1 _ 양배추, 적양배추, 쌈케일은 얇게 채 썬다.

2 _ 사과는 껍질째 얇게 채 썰고, 셀러리와 당근도 비슷한 길이로 얇게 채 썬다.

3 _ ①, ②의 재료를 얼음물이나 차가운 물에 담가 5분간 둔 후
체에 밭쳐 물기를 완전히 뺀다.
  * 체에 밭친 채로 냉장고에 넣어 1시간 이상 두면 식감도 아삭해지고
  물기가 완전히 제거돼 드레싱에 잘 버무려져요.

4 _ 모든 재료와 드레싱을 가볍게 버무려 그릇에 담는다.

(tip) 양배추 한 종류만 사용하기
두 가지 양배추는 섞어서 쓰면 색감도, 영양면에서도 더 좋아요.
한 가지만 사용할 경우 동량으로 대체해 전체 중량을 맞춰요.

아스파라거스 잠봉 샐러드

+ ABC 드레싱

잘 구운 신선하고 아삭한 아스파라거스의 맛은 한번 맛보면 중독되지 않을 수 없어요.
여기에 약간의 잠봉과 사과(Apple), 비트(Beet), 당근(Carrot)으로 맛을 낸 고운 빛깔의
ABC 드레싱을 올리면 근사한 주말 브런치 메뉴로 제격이지요.

드레싱 만들기 ABC 드레싱

- 사과주스 3큰술(또는 사과즙)
- 잘게 썬 비트 1/4컵
- 잘게 썬 당근 1/4컵
- 디종 머스터드 1/2작은술
  (또는 홀그레인 머스터드)
- 샴페인식초 2큰술(또는 다른 식초)
- 올리고당 1큰술
- 엑스트라 버진 올리브유 4큰술
- 소금 1작은술

⋯→ 푸드프로세서에 모든 재료를 넣고
곱게 간다.

＊ 드레싱의 신맛이 조금 강하게
느껴진다면 올리고당을 조금 늘려
맛을 조절하세요.

샐러드 만들기 2인분 / 15~20분

- 아스파라거스 15개
- 버터헤드상추 2개(또는 다른 잎채소)
- 잠봉 2~3장(또는 프로슈토,
  하몽 등 생햄, 30g)
- 버터 1큰술
- 엑스트라 버진 올리브유 약간
- 소금 약간
- 통후추 간 것 약간

1 _ 아스파라거스는 밑동을 0.5cm 정도 잘라낸 후 필러로 겉껍질을 살짝 벗긴다.
　＊ 어리고 연한 아스파라거스는 껍질을 벗기지 않아도 돼요.

2 _ 버터헤드상추는 길게 4등분한다.

3 _ 달군 팬에 엑스트라 버진 올리브유를 두르고 아스파라거스를 넣어
　　센 불에서 1분 30초간 노릇하게 구운 후 소금, 통후추 간 것을 뿌린다.
　＊ 아삭함이 살아있도록 살짝만 구워요.

4 _ 불을 끄고 버터를 넣은 후 아스파라거스를 볶아 코팅한다.

5 _ 그릇에 버터헤드상추를 깔고 구운 아스파라거스, 잠봉을 올린 후 드레싱을 뿌린다.

1

2　　　　4

어린 시금치 달걀 샐러드

+ 구운 베이컨 드레싱

우리에게는 나물로 익숙한 시금치를 서양에서는 샐러드로 즐긴다는 사실!
생으로 먹는 시금치가 어색할 것 같지만 어린 시금치는 생각보다 부드럽고 달큰하답니다.
구운 베이컨과 발사믹식초로 만든 드레싱을 곁들이면 아주 잘 어울려요.

드레싱 만들기 구운 베이컨 드레싱

- 다진 베이컨 1/4컵(긴 것 약 2줄분)
- 다진 양파 1/4컵(약 1/4개분)
- 발사믹식초 2큰술
- 설탕 2작은술
- 소금 1/2작은술
- 엑스트라 버진 올리브유 1/2컵

···▸ 달군 팬에 다진 베이컨을 넣고
중간 불에서 2분, 다진 양파를 넣고
1분간 더 볶는다. 발사믹식초,
설탕, 소금을 넣고 섞은 후 불을 끄고
엑스트라 버진 올리브유를 섞는다.

샐러드 만들기 2인분 / 15~20분

- 어린 시금치 3줌(150g)
- 베이컨 6줄
- 달걀 2개
- 식용유 1~2큰술
- 그라나파다노 치즈 약간
  (또는 파르미지아노 레지아노 치즈,
  파마산 치즈가루)

1 _ 달군 팬에 식용유를 두르지 않고 베이컨을 올려
중간 불에서 3~4분간 노릇하게 굽는다.

2 _ 팬을 닦고 다시 달군 후 식용유를 두르고 노른자가 터지지 않게 달걀을 깨 넣는다.
약한 불에서 3~4분간 익혀 서니사이드업을 만든다(자세히 보기 21쪽).

3 _ 그릇에 모든 재료를 담고 따뜻하게 데운 드레싱을 뿌린다.
*따뜻한 드레싱을 뿌리면 시금치가 반쯤 숨이 죽으면서 절여지듯이 맛있어져요.

새우 브로콜리 샐러드

+ 레몬 생강 드레싱

새우와 브로콜리는 맛은 물론 색감과 영양까지도 아주 잘 어울리는 짝꿍 재료예요.
여기에 향긋하고 개운한 레몬 생강 드레싱을 곁들이면 환상적인 해산물 샐러드가 완성됩니다.
기호에 따라 다양한 해산물을 추가해도 좋아요.

드레싱 만들기 레몬 생강 드레싱

• 레몬즙 2큰술
• 생강즙 1작은술(또는 곱게 다진 생강)
• 떠먹는 플레인 요구르트 4큰술
• 꿀 2큰술(또는 올리고당이나 아가베시럽)
• 엑스트라 버진 올리브유 2큰술
• 강황가루 1작은술(또는 카레가루)
• 소금 1작은술

⋯➙ 볼에 모든 재료를 넣고 섞는다.

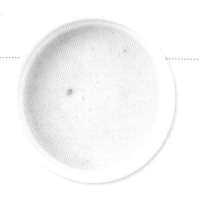

샐러드 만들기 2~3인분 / 20~25분

• 생새우살 킹사이즈 18마리
• 브로콜리 1개(300g)
• 대추방울토마토 12개
• 블랙올리브 16~18개

1 _ 브로콜리, 대추방울토마토, 블랙올리브는 먹기 좋은 크기로 썬다.

2 _ 생새우살은 꼬리를 제거한 후 사진과 같이 등에 칼집을 넣는다.

3 _ 끓는 물(물 5컵 + 소금 1작은술)에 브로콜리를 넣고 센 불에서 1분간 데친다.
체로 건져 한김 식힌 후 손으로 가볍게 물기를 짠다.

4 _ ③의 끓는 물에 생새우살을 넣고 1분~1분 30초간 데친 후 체에 밭쳐 물기를 뺀다.
* 데친 후 물에 헹구지 않아요.

5 _ 모든 재료와 드레싱을 가볍게 버무려 그릇에 담는다.

1

2

4

가지 멜란자네 샐러드

+ 토마토 바질 드레싱

가지는 사계절 나오지만, 여름의 뜨거운 햇빛을 받고 자란 가지가 더 통통하고 수분이 많아 맛있어요.
멜란자네 샐러드는 여름 가지를 토마토, 바질, 올리브유로 마리네이드해서 피클처럼 저장해 먹는
샐러드입니다. 차갑게 먹어도 맛있고, 빵이나 고기를 곁들여 함께 먹어도 좋아요.

드레싱 만들기 토마토 바질 드레싱

- 토마토 스파게티 소스 2/3컵
- 다진 바질 1큰술
- 발사믹식초 1큰술
- 엑스트라 버진 올리브유 3큰술
- 설탕 1큰술
- 소금 1작은술
- 통후추 간 것 약간

⋯→ 볼에 모든 재료를 넣고 섞는다.

샐러드 만들기 2~3인분 / 25~35분

- 가지 5개(750g)
- 썬드라이 토마토 100g
  (시판 또는 만들기 17쪽)
- 소금 약간
- 통후추 간 것 약간
- 엑스트라 버진 올리브유 4~5큰술
- 바질 약간(생략 가능)

1 _ 오븐은 200℃로 예열한다. 가지는 2cm 두께로 썰고, 썬드라이 토마토는
한입 크기로 썬다.

2 _ 오븐팬에 가지를 넓게 펼쳐 담은 후 소금, 통후추 간 것, 엑스트라 버진 올리브유를
뿌려 5~10분 정도 양념이 배게 둔다.

3 _ 200℃로 예열된 오븐에서 10분간 굽는다.
  * 풍미는 조금 다르지만 달군 팬에 올리브유를 두르고 가지를 올려
  중강 불에서 3~5분간 노릇하게 구워도 돼요.

4 _ 가지, 썬드라이 토마토와 드레싱을 가볍게 버무려 그릇에 담고 바질을 올린다.
  * 냉장 보관 후 다음날 먹으면 더 맛있어요.

단호박 렌틸 샐러드

구워서 더 달콤해진 단호박에 렌틸을 곁들여 포만감과 영양 밸런스를 맞췄어요.
따로 드레싱을 만들 필요 없이 요구르트만으로 심플하게 맛을 냈습니다.
가을에는 단호박 대신 땅콩호박으로 만들면 또 다른 맛과 식감을 느낄 수 있어요.

샐러드 만들기 2~3인분 / 35~45분

- 단호박 1개
  (또는 고구마 2개, 700~800g)
- 렌틸 1/2컵
- 치커리 1~2줌
  (또는 다른 쌈채소, 80g)
- 떠먹는 플레인 요구르트 1컵(200g)
- 엑스트라 버진 올리브유 2~3큰술
- 통후추 간 것 약간
- 꿀 약간
  (또는 올리고당이나 아가베시럽)

단호박 양념
- 꿀 2큰술
  (또는 올리고당이나 아가베시럽)
- 엑스트라 버진 올리브유 3큰술
- 계피가루 1작은술
- 소금 약간
- 통후추 간 것 약간

1 _ 오븐은 180℃로 예열한다. 단호박은 필러로 거친 겉부분만 벗겨낸 후
반으로 썰어 씨를 제거하고 1~1.5cm 폭으로 썬다.

2 _ 오븐팬에 단호박을 올리고 단호박 양념을 뿌려 버무린 후
180℃로 예열된 오븐에서 12~15분간 굽는다.
* 풍미는 조금 다르지만 김이 오른 찜기에 단호박을 넣고
15~20분간 찐 후 단호박 양념에 버무려도 돼요.

3 _ 냄비에 렌틸, 렌틸 분량 3배의 물, 소금(약간)을 넣고 센 불에서 15분간 삶은 후
체에 밭쳐 물기를 뺀다.

4 _ 그릇에 치커리를 깔고 단호박, 렌틸을 올린 후 떠먹는 플레인 요구르트를 뿌린다.
엑스트라 버진 올리브유, 통후추 간 것을 뿌리고 기호에 따라 꿀을 추가한다.
* 머스터드 비네그렛(47쪽)을 추가하면 더 맛있어요.

1

2

3

리코타치즈 당근 샐러드

+ 허니 레몬 드레싱

겨울에 나온 제주 햇당근을 맛보면 당근 러버가 될 수밖에 없죠. 제철 채소가 주는 땅의 맛과
영양소를 느껴보세요. 구운 당근과 허니 레몬 드레싱은 제가 특히 좋아하는 조합이랍니다.
마지막에 좋아하는 허브를 곁들이면 더 근사한 당근 요리가 완성돼요.

드레싱 만들기 허니 레몬 드레싱

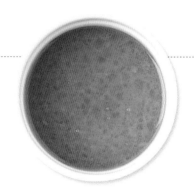

- 꿀 3큰술
  (또는 올리고당이나 아가베시럽)
- 레몬즙 3큰술
- 레몬 제스트 1작은술
- 디종 머스터드 1/2작은술
  (또는 홀그레인 머스터드)
- 엑스트라 버진 올리브유 2큰술
- 포도씨유 2큰술(또는 카놀라유)
- 소금 1작은술

···▶ 볼에 모든 재료를 넣고 섞는다.

*레몬향을 최대한 살리기 위해
시판 레몬즙보다 생 레몬을 활용하길
추천해요. 깨끗하게 씻은 레몬을
제스터나 필러로 노란 껍질만
벗긴 후 잘게 다져 제스트 1작은술을
만들고, 즙을 짜서 레몬즙 3큰술을
준비하세요.

샐러드 만들기 2~3인분 / 20~25분

- 미니당근 25~30개(또는 당근 2개)
- 삶은 병아리콩 1컵
- 호두 1/3컵(또는 다른 견과류)
- 리코타치즈 2큰술

양념
- 메이플시럽 2~3큰술
- 엑스트라 버진 올리브유 3큰술
- 파프리카 파우더 1작은술
  (생략 가능)
- 소금 약간
- 통후추 간 것 약간

1 _ 오븐은 200℃로 예열한다. 미니당근은 그대로 사용하고, 일반 당근은
손가락 굵기로 길게 8등분한다.

2 _ 오븐팬에 당근, 삶은 병아리콩을 펼쳐 올린 후 양념 재료를 골고루 뿌린다.
200℃로 예열된 오븐에서 8분간 굽는다.

*풍미는 조금 다르지만 달군 팬에 당근을 올려 중약 불에서 10~15분간 앞뒤로
노릇하게 구워도 돼요. 병아리콩은 겉면을 말리듯이 꼬들꼬들한 식감을 주기 위해
굽는데, 오븐이 없거나 바쁘다면 삶은 병아리콩을 양념 없이 그대로 넣어도 돼요.

3 _ 그릇에 ②의 당근과 병아리콩을 담고 드레싱을 뿌린 후 호두, 리코타치즈를 올린다.

(tip) **병아리콩 사용하기**

삶은 병아리콩은 시판 병조림이나 캔제품을 활용해도 돼요. 직접 삶는다면 시간이
오래 걸리니 한꺼번에 익혀 냉동했다가 다시 데쳐 쓰면 편해요. 병아리콩은 6시간
이상 물에 담가 불린 후 냄비에 넉넉한 양의 물, 소금(약간)과 함께 넣고 센 불에서
끓어오르면 중약 불로 줄여 40~50분 정도 푹 삶은 후 찬물에 헹궈요.

*미니당근
손가락 굵기의 미니당근은
썰 필요가 없어 간편하고 모양도
예뻐서 샐러드에 사용하기 좋다.
온라인 스토어에서 구입할 수 있다.

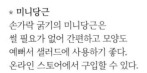

1

2

구운 양배추 샐러드

+ 로메스코 소스

양배추는 주로 찌거나 삶아서 먹는 게 일반적이지만
잘 구운 양배추의 풍미와 단맛은 정말 매력적이에요. 여기에 매콤한 로메스코 소스를 곁들이면
브런치는 물론 저녁에 와인과 함께 먹어도 잘 어울린답니다.

드레싱 만들기 로메스코 소스

- 구운 파프리카 2개(400g)
- 파프리카 파우더 1큰술(생략 가능)
- 할라페뇨 슬라이스 4개
- 땅콩 2큰술
- 올리고당 1큰술
- 엑스트라 버진 올리브유 1큰술
- 소금 1작은술

···→ 샐러드 만들기 과정 ①을 참고해
파프리카를 굽는다.
푸드프로세서에 모든 재료를 넣고
곱게 간다.

* 소스 분량이 넉넉하니 기호에 따라
곁들이는 양을 조절하고, 남은 것은
냉장 보관(30일)한 후 샌드위치
스프레드나 딥소스, 닭고기 양념 등으로
활용해요.

샐러드 만들기 2~3인분 / 25~35분

- 양배추 1/2통(700~800g)

양배추 양념

- 파프리카 파우더 1/2큰술
  (생략 가능)
- 소금 1큰술
- 화이트와인식초 4큰술
  (또는 다른 식초)
- 꿀 2큰술
  (또는 올리고당이나 아가베시럽)
- 엑스트라 버진 올리브유 4큰술
- 통후추 간 것 1작은술

1 _ 오븐은 200℃로 예열한다. 드레싱의 파프리카를 반으로 썰어
꼭지와 씨를 제거하고 오븐팬에 껍질이 닿도록 올린다.
12분간 구운 후 꺼내 한김 식혀 드레싱에 활용한다.

2 _ 양배추는 3~4cm 두께의 웨지 모양으로 썬다.

3 _ 오븐팬에 양배추를 올린 후 양배추 양념 재료를 골고루 뿌린다.
200℃로 예열된 오븐에서 8분간 굽는다.

* 풍미는 조금 다르지만 달군 팬에 양배추를 올려
중약 불에서 10~15분간 노릇하게 구워도 돼요.

4 _ 그릇에 양배추를 올리고 소스를 곁들인다.

* 머스터드 비네그렛(47쪽)을 추가하면 더 맛있어요.

* 로메스코(romesco)
파프리카로 만든 매콤한 소스로
스페인에서 구운 채소와 함께 많이
먹는다. 파프리카의 향과 중독적인
매운맛이 우리 입맛에도 잘 맞는다.

1

3

Chapter 2

Lunch

점심 식사샐러드

하루 중 에너지가 가장 많이 필요한 점심. 점심 샐러드는 통곡물, 면 등의 탄수화물 재료를 더해
에너지와 포만감을 든든하게 채울 수 있는 메뉴로 구성했습니다. 도시락으로 준비할 때는
드레싱을 따로 담고, 면류는 비교적 잘 불지 않는 숏파스타로 대체하는 것을 추천해요.

두부 통곡물 샐러드

+ 유자 간장 드레싱

비건 도시락으로 특히 추천하고 싶은 샐러드입니다. 통곡물 라이스가 들어가
한 끼 식사로 전혀 부족함이 없지요. 당근 라페와 유자 간장 드레싱이 구운 두부의 맛을
업그레이드해 더 맛있게 먹을 수 있어요.

드레싱 만들기 유자 간장 드레싱

- 유자청 2큰술
- 양조간장 1큰술
- 레몬즙 1큰술
- 현미식초 1큰술(또는 다른 식초)
- 엑스트라 버진 올리브유 3큰술

⟶ 볼에 모든 재료를 넣고 섞는다.

샐러드 만들기 2인분 / 25~30분

- 두부 1모(300g)
- 통곡물 라이스 1컵(26쪽)
- 당근 라페 1/4컵(27쪽)
- 브로콜리 1개(300g)
- 엑스트라 버진 올리브유 2~3큰술
- 소금 약간
- 통후추 간 것 약간

1 _ 통곡물 라이스, 당근 라페는 26~27쪽을 참고해 준비한다.

2 _ 오븐은 180℃로 예열한다. 브로콜리는 먹기 좋은 크기로 썰어
오븐팬에 올린다. 소금과 통후추 간 것 약간, 엑스트라 버진 올리브유
1~2큰술을 뿌리고 예열한 오븐에서 8분간 굽는다.
* 브로콜리는 끓는 물에 1~2분간 데치거나 김 오른 찜기에 3~4분간 쪄서
양념해도 돼요.

3 _ 두부는 사방 2cm 크기로 깍둑썬 후 키친타월에 올려 소금 약간을 뿌린다.
* 소금을 뿌리면 간도 되고 물기도 잘 빠져요.

4 _ 달군 팬에 엑스트라 버진 올리브유 1큰술을 두르고 두부를 넣어
중간 불에서 3~5분간 뒤집어가며 노릇하게 굽는다.
* 올리브유를 뿌려 에어프라이어 180℃에서 12~15분간 구워도 돼요.

5 _ 두부, 통곡물 라이스, 당근 라페, 브로콜리를 드레싱과 버무려 그릇에 담는다.

새우 버터 커리 샐러드

+ 고수 랜치 드레싱

커리 파우더로 맛을 낸 새우를 버터에 구워 통곡물 라이스와 함께 즐기는 샐러드예요.
고수를 다져 넣은 향긋한 랜치 드레싱 덕분에 색다른 맛을 느낄 수 있답니다.
직장인 점심 도시락으로도 제격이에요.

드레싱 만들기 고수 랜치 드레싱

- 다진 고수 1큰술(또는 다진 셀러리잎)
- 다진 양파 1큰술
- 다진 마늘 1/2큰술
- 마요네즈 2큰술
- 떠먹는 플레인 요구르트 2큰술
- 홀그레인 머스터드 1작은술
- 설탕 1작은술
- 소금 1작은술
- 통후추 간 것 약간

⋯▸ 볼에 모든 재료를 넣고 섞는다.

＊ 드레싱 분량이 넉넉하니
기호에 따라 곁들이는 양을
조절하고, 남은 것은
냉장 보관(3~4일)한 후 활용하세요.

샐러드 만들기 2~3인분 / 20~25분

- 양상추 1/2통(200g)
- 생새우살 킹사이즈 12마리
- 통곡물 라이스 2컵(26쪽)
- 아보카도 1개
- 실파 약간(생략 가능)
- 버터 2큰술
- 엑스트라 버진 올리브유 약간

새우 양념

- 커리 파우더 1큰술(또는 카레가루)
- 다진 마늘 1큰술
- 엑스트라 버진 올리브유 2큰술

1 _ 통곡물 라이스는 26쪽을 참고해 준비한다.

2 _ 양상추는 얇게 채 썰고, 실파는 송송 썬다.

3 _ 아보카도는 반으로 갈라 씨를 제거하고 껍질을 벗긴 후 먹기 좋게 슬라이스한다.

4 _ 생새우살은 꼬리를 제거한 후 새우 양념 재료에 버무린다.
달군 팬에 버터를 녹인 후 생새우살을 넣고 중간 불에서 2~3분간 노릇하게 굽는다.

5 _ 그릇에 양상추, 통곡물 라이스, 생새우살, 아보카도를 담고 드레싱을 뿌린다.
실파, 엑스트라 버진 올리브유를 뿌린다.

2

3

4

구운 채소 통곡물 샐러드

+ 허니 레몬 드레싱

채소 덮밥 느낌의 샐러드예요. 구운 채소에 통곡물 라이스를 곁들여
가볍고 든든하게 즐길 수 있답니다. 좋아하는 채소를 추가하거나 바꿔보면서
나만의 샐러드를 찾아가는 재미도 놓치지 마세요.

드레싱 만들기 허니 레몬 드레싱

- 꿀 3큰술
  (또는 올리고당이나 아가베시럽)
- 레몬즙 3큰술
- 레몬제스트 1작은술
- 디종 머스터드 1/2작은술
  (또는 홀그레인 머스터드)
- 엑스트라 버진 올리브유 2큰술
- 포도씨유 2큰술(또는 카놀라유)
- 소금 1작은술

⋯→ 볼에 모든 재료를 넣고 섞는다.

* 레몬향을 최대한 살리기 위해
시판 레몬즙보다 생 레몬을 활용하길
추천해요. 깨끗하게 씻은 레몬을
제스터나 필러로 노란 껍질만
벗긴 후 잘게 다져 제스트 1작은술을
만들고, 즙을 짜서 레몬즙 3큰술을
준비하세요.

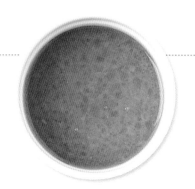

샐러드 만들기 2~3인분 / 25~35분

- 단호박 1/2개(400g)
- 가지 1개(150g)
- 파프리카 1개(200g)
- 콜리플라워 1/2개(200g)
- 브로콜리 1개(300g)
- 통곡물 라이스 1컵(26쪽)
- 믹스 샐러드 2줌(13쪽,
  또는 시판이나 다른 잎채소, 140g)
- 소금 약간
- 통후추 간 것 약간
- 엑스트라 버진 올리브유 약간
- 다진 파슬리 약간(생략 가능)

1 _ 통곡물 라이스, 믹스 샐러드는 각각 26쪽, 13쪽을 참고해 준비한다.

2 _ 오븐은 180℃로 예열한다. 단호박은 필러로 거친 겉부분만 벗겨낸 후
씨를 제거하고 얇게 썬다. 가지, 파프리카는 먹기 좋은 크기로 썬다.

3 _ 콜리플라워, 브로콜리도 먹기 좋은 크기로 썬다.

4 _ 오븐팬에 ②, ③의 채소를 올린 후 소금, 통후추 간 것, 엑스트라 버진 올리브유를
골고루 뿌리고 180℃로 예열된 오븐에서 8~10분간 굽는다.

　　* 풍미는 조금 다르지만 달군 팬에 채소를 넣고 중간 불에서 10~12분간
노릇하게 구워도 돼요.

5 _ 그릇에 믹스 샐러드를 깔고 구운 채소, 통곡물 라이스를 올린 후
드레싱, 다진 파슬리를 뿌린다.

(tip) 채소 가짓수 줄이거나 대체하기

채소는 2~3가지로 줄이거나 다른 좋아하는 채소로 대체해도 좋아요.
이 경우 채소의 전체 부피를 레시피와 비슷하게 맞추세요.

2

3

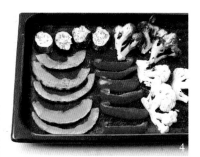

4

수퍼푸드 샐러드

+ 타히니

말 그대로 몸에 좋은 수퍼푸드를 조합해 만든 '수퍼 샐러드' 입니다. 머리를 많이 쓰는 수험생이나 다이어터에게 꼭 추천하고 싶어요. 이 샐러드에 쓰인 '타히니(tahini)'는 중동 요리에 빠지지 않는 참깨 소스예요. 시중에 판매하긴 하지만 가격도 비싸고 구하기도 어려우니 직접 만들어보세요.

드레싱 만들기 타히니

- 볶은 참깨 1컵
- 참기름 1큰술
- 엑스트라 버진 올리브유 2~3큰술
- 생수 1큰술
- 소금 1/2작은술

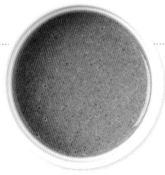

···▶ 푸드프로세서에 볶은 참깨를 넣고
곱게 간 후 나머지 재료를 넣고 다시
곱게 간다. 기호에 따라 올리브유를
더 추가하면 좀 더 묽은 타히니가 된다.

* 밀폐용기에 담아 냉장 보관(7일)하고,
여러 가지 드레싱 또는 양념에 조금씩
추가하면 고소한 맛과 향을 더할 수 있어요.

샐러드 만들기 2~3인분 / 30~35분

- 곡물 1컵(카무트, 현미, 퀴노아 등)
- 브로콜리 1개(300g)
- 파프리카 1개(200g)
- 블루베리 1/2컵
- 메이플시럽 1큰술
- 아몬드 슬라이스 1/4컵
- 어린잎채소 1줌(60g)

파프리카 양념
- 엑스트라 버진 올리브유 1~2큰술
- 소금 약간
- 통후추 간 것 약간

1 _ 오븐은 200℃로 예열한다. 파프리카를 반으로 썰어 꼭지와 씨를 제거하고
오븐팬에 껍질이 닿도록 올린 후 안쪽에 파프리카 양념을 뿌린다.
예열된 오븐에서 10분간 구워 한김 식힌 후 0.5cm 두께로 채 썬다.

2 _ 냄비에 곡물, 넉넉한 양의 물을 넣고 센 불에서 끓어오르면
중간 불로 줄여 카무트나 현미는 15~20분, 퀴노아는 4분 30초간 익힌 후
체에 밭쳐 물기를 뺀다.

3 _ 브로콜리는 한입 크기로 썬다. 끓는 물(물 5컵 + 소금 1작은술)에
브로콜리를 넣고 센 불에서 1분간 살짝 데친 후 체에 밭쳐 물기를 뺀다.

4 _ 모든 재료와 타히니 3큰술을 가볍게 버무려 그릇에 담는다.

* 타히니는 처음부터 많이 넣지 말고 맛을 보면서 양을 늘려요.

1

2

3

흑미 서리태 샐러드

+ 이탈리안 드레싱

몸에 좋은 검은 쌀과 검은 콩을 사용한 '블랙푸드 샐러드' 입니다.
밥은 먹기 싫지만 왠지 든든하게 한 끼 먹고 싶을 때 좋은 메뉴예요.
살짝 씹히는 유자청의 상큼함 덕분에 한 그릇을 깨끗하게 비울 수 있답니다.

드레싱 만들기 이탈리안 드레싱

- 엑스트라 버진 올리브유 4큰술
- 화이트와인식초 2큰술(또는 다른 식초)
- 레몬즙 2큰술
- 설탕 1큰술
- 올리고당 1큰술
- 소금 1작은술
- 말린 오레가노 약간(생략 가능)
- 레드페퍼 플레이크 약간
  (또는 크러시드 페퍼, 생략 가능)

⟶ 볼에 모든 재료를 넣고 섞는다.

샐러드 만들기 2~3인분 / 30~35분(곡물 불리는 시간 제외)

- 흑미 1컵(또는 현미, 귀리,
  보리 등 다른 곡물)
- 서리태 1/4컵
- 비트 1개(400g)
- 어린잎채소 약간
- 유자청 1큰술
- 리코타치즈 2큰술
- 소금 약간
- 통후추 간 것 약간
- 엑스트라 버진 올리브유 2큰술

1 _ 흑미는 30분, 서리태는 3시간 동안 충분한 양의 물에 담가 불린다.

2 _ 냄비에 불린 흑미와 서리태, 3~4배 분량의 물을 넣고 뚜껑을 덮어 센 불에서
     끓어오르면 중간 불로 줄여 20분간 끓인다. 불을 끄고 그대로 5분간 뜸을 들인다.

3 _ 오븐은 180℃로 예열한다. 비트는 필러로 껍질을 벗기고 먹기 좋은 크기로 썬다.

4 _ 오븐팬에 비트를 올리고 소금, 통후추 간 것, 엑스트라 버진 올리브유를 골고루
     뿌린 후 180℃로 예열된 오븐에서 8분간 굽는다.
     * 풍미는 조금 다르지만 달군 팬에 비트를 넣고 중간 불에서 10~12분간
       노릇하게 구워도 돼요.

5 _ 흑미와 서리태, 비트, 어린잎채소, 유자청을 드레싱과 버무려 그릇에 담은 후
     리코타치즈를 올린다.

콜리플라워 라이스 샐러드

+ 레몬 오일 드레싱

콜리플라워를 잘게 썰어서 밥처럼 만드는 샐러드로, 키토식 지향하는 분들에게 특히 추천해요.
기호에 따라 콜리플라워를 더 굵게 다지면 씹는 맛이 더욱 좋습니다.

드레싱 만들기 레몬 오일 드레싱 ┄┄┄┄┄┄┄┄┄┄┄┄┄┄┄┄┄┄┄┄┄┄┄

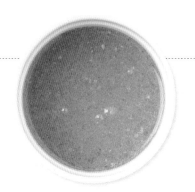

- 레몬즙 4큰술
- 엑스트라 버진 올리브유 6큰술
- 꿀 2큰술(또는 올리고당이나 아가베시럽)
- 디종 머스터드 1작은술
- 소금 1작은술
- 통후추 간 것 약간

⟶ 볼에 모든 재료를 넣고 섞는다.

샐러드 만들기 2인분 / 20~25분 ┄┄┄┄┄┄┄┄┄┄┄┄┄┄┄┄┄┄┄┄┄┄┄┄┄

- 콜리플라워 1개(400g)
- 렌틸 1/2컵
- 아몬드 슬라이스 2큰술
- 엑스트라 버진 올리브유 2~3큰술
- 소금 약간
- 통후추 간 것 약간
- 다진 파슬리 약간(생략 가능)

1 _ 냄비에 렌틸, 3배 분량의 물, 소금(약간)을 넣고 센 불에서 15분간 삶은 후
체에 밭쳐 물기를 뺀다.

2 _ 오븐은 180℃로 예열한다. 콜리플라워는 사방 0.5~1cm 크기로 굵게 다진다.

3 _ 오븐팬에 콜리플라워를 넣고 소금, 통후추 간 것, 엑스트라 버진 올리브유를
뿌린 후 180℃로 예열한 오븐에서 6분간 굽는다.
    * 풍미는 조금 다르지만 달군 팬에 콜리플라워를 넣고 센 불에서 6~8분간
    노릇하게 볶아도 돼요.

4 _ 모든 재료와 드레싱을 가볍게 버무려 그릇에 담는다.

구운 파프리카와 포도 렌틸 샐러드

루꼴라의 쌉싸래함과 구운 청포도의 달콤한 맛이 잘 어울리는
샐러드예요. 여기에 단백질과 식이섬유가 많고 열량이 낮은
렌틸을 더했습니다. 구운 빵에 올려 먹으면 레스토랑에서 먹는
리코타 샐러드가 부럽지 않답니다.

샐러드 만들기 2인분 / 35~45분

- 빨강 파프리카 2개(400g)
- 렌틸 1컵(또는 통곡물 라이스 26쪽)
- 청포도 1컵
- 루꼴라 약 1줌(또는 다른 잎채소, 50g)
- 리코타치즈 2큰술
- 소금 약간
- 통후추 간 것 약간
- 엑스트라 버진 올리브유 약간
- 구운 깜빠뉴 2조각(또는 다른 빵)

파프리카 양념
- 소금 약간
- 통후추 간 것 약간
- 엑스트라 버진 올리브유 2~3큰술

1 _ 오븐은 200℃로 예열한다. 파프리카는 반으로 썰어 꼭지와 씨를 제거한다.

2 _ 오븐팬에 파프리카 껍질이 닿도록 올린 후 안쪽에 파프리카 양념 재료를 뿌린다.
200℃로 예열된 오븐에서 15~20분간 구운 후 식힌다.

3 _ 냄비에 렌틸, 3배 분량의 물, 소금(약간)을 넣고 센 불에서 15분간 삶은 후
체에 밭쳐 물기를 뺀다.

4 _ 팬에 엑스트라 버진 올리브유를 약간 두르고 청포도를 넣어 센 불에서 튀기듯이
2~3분간 볶은 후 소금, 통후추 간 것을 약간씩 뿌린다.

5 _ 파프리카가 식으면 손으로 껍질을 벗기고 1cm 두께로 썬다.

6 _ 그릇에 모든 재료를 담고 엑스트라 버진 올리브유를 약간 뿌린다.
구운 깜빠뉴를 곁들인다.

2

4

5

보리 버섯 샐러드

+ 열무 페스토

우리는 보리를 주로 따뜻하게 밥으로 먹지만, 외국에서는 쌀이나 보리 같은 곡물을
차가운 샐러드로 많이 즐겨요. 보리는 특히 차갑게 먹으면 톡톡 씹히는 식감이 아주 좋답니다.
포만감도 커서 다이어터에게 추천해요.

닭가슴살 쿠스쿠스 찹 샐러드

+ 랜치 드레싱

* 쿠스쿠스(couscous)
이탈리아 경질밀로 만든 파스타의
일종으로, 곡물 대용으로 많이
사용되며 조리가 간편해 다양한
요리에 활용도가 높다.

찹 샐러드는 냉장고에 남는 재료들을 모두 다져서 만들 수 있다는 장점이 있어요.
스푼으로 떠먹기도 편하고 미리 만들어 두어도 맛의 변화가 크지 않아
도시락 메뉴로도 좋습니다. 쿠스쿠스를 더해 더욱 든든하게 즐겨보세요.

보리 버섯 샐러드

드레싱 만들기 열무 페스토

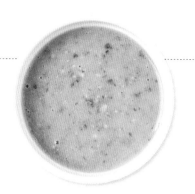

- 열무 180g(또는 루꼴라)
- 그라나파다노 치즈 80g
  (또는 파르미지아노 레지아노 치즈,
  파마산 치즈가루)
- 볶은 땅콩 약 1/2컵(60g)
- 엑스트라 버진 올리브유 1컵(200g)
- 다진 마늘 1/2큰술(또는 마늘 1쪽)
- 소금 약 2작은술(8g)

⟶ 푸드프로세서에 모든 재료를 넣고
곱게 간다.

*페스토는 분량이 넉넉하니 남은
것은 냉장(5~7일)하거나 얼음틀에
얼려 지퍼백에 담아 냉동(3개월)한 후
다양한 채소요리 및 샐러드
(128쪽 스테이크 샐러드), 파스타 등에
활용해요.

샐러드 만들기 2~3인분 / 45~55분(찰보리 불리는 시간 제외)

- 찰보리 1컵(또는 현미,
  귀리 등 다른 곡물)
- 프로슈토 2장(또는 하몽 등 다른 생햄)
- 루꼴라 약 1줌(또는 다른 잎채소, 50g)
- 양파 1개
- 느타리버섯 약 3줌
  (또는 다른 버섯, 150g)
- 브랜디 약간
  (또는 럼, 위스키, 생략 가능)
- 발사믹식초 1/4컵
- 설탕 1/2~1작은술
- 소금 약간
- 식용유 2~3큰술
- 열무 페스토 1/2컵

1 _ 찰보리는 충분한 양의 물에 담가
1~2시간 불린다.

2 _ 냄비에 불린 찰보리, 1.5배 분량의 물을
넣고 뚜껑을 덮어 센 불에서 끓어오르면
약한 불로 줄여 15~20분간 끓인다.
불을 끄고 5분간 그대로 뜸을 들인다.

3 _ 루꼴라는 씻어서 체에 받쳐
물기를 뺀다.

4 _ 양파는 굵게 다진다.

[세프의 노하우] 양파 캐러멜라이징(caramelizing) 하기

양파를 갈색이 될 때까지 볶는 것을 '캐러멜라이징'이라고 하는데 이를 통해
양파의 단맛이 강해지고 풍미가 좋아져요. 특히 마지막에 브랜디, 럼, 위스키, 꼬냑 같은
도수 높은 술을 넣고 센 불에서 1~2분 정도 더 볶으면 풍미가 한층 더 좋아집니다.
이것이 바로 레스토랑 어니언수프 맛의 비밀이에요.

tip 남은 열무로 피클 만들기

재료 열무 1단(1.5kg), 레몬 2개, 홍고추 3개 피클물 물 10컵(2ℓ), 설탕 약 3과 1/2컵(550g),
소금 약 2와 1/2큰술(25g), 식초 4와 1/2컵(900㎖), 피클링 스파이스 약 3큰술(15g)

만들기 열무는 4~5cm 길이로 썰고, 레몬과 홍고추는 0.3cm 두께로 동그랗게 썰어요.
냄비에 피클물 재료를 모두 넣고 한소끔 끓인 후 체에 걸러 차갑게 식혀요.
용기에 재료와 피클물을 붓고 냉장고에서 1~2일간 숙성시켜요.

5 _ 느타리버섯은 결대로 찢는다.

6 _ 달군 팬에 식용유를 두르고
양파를 넣어 중간 불에서 15~17분간
수분이 없고 갈색이 될 때까지 볶아
캐러멜라이징한다.

7 _ 브랜디를 넣고 센 불로 올려 수분이
없게 1~2분간 더 볶는다.

8 _ ⑦의 팬에 느타리버섯, 발사믹식초,
설탕, 소금을 넣고 중간 불에서
10~15분간 수분이 거의 없게 볶는다.

9_ 볼에 찰보리, ⑧의 느타리버섯,
열무 페스토(1/2컵)를 넣고 잘 버무린다.
그릇에 담고 프로슈토, 루꼴라를 올린다.

닭가슴살 쿠스쿠스 찹 샐러드

드레싱 만들기 랜치 드레싱 ··

- 다진 양파 1큰술
- 마요네즈 2큰술
- 떠먹는 플레인 요구르트 2큰술
- 설탕 1작은술
- 소금 1작은술
- 다진 이탈리안 파슬리 약간(생략 가능)
- 통후추 간 것 약간

⟶ 볼에 모든 재료를 넣고 섞는다.

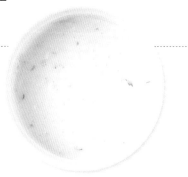

샐러드 만들기 2~3인분 / 35~45분 ··

- 닭가슴살 2쪽
- 한입 크기로 썬 자투리 채소 2컵
  (단호박, 가지, 파프리카, 애호박,
  브로콜리 등)
- 믹스 샐러드 2줌(13쪽,
  또는 시판이나 다른 잎채소, 140g)
- 쿠스쿠스 1/2컵(또는 퀴노아)
- 소금 약간
- 통후추 간 것 약간
- 엑스트라 버진 올리브유 약간

닭가슴살 양념
- 파프리카 파우더 1큰술(생략 가능)
- 소금 약간
- 통후추 간 것 약간
- 엑스트라 버진 올리브유 약간

쿠스쿠스 양념
- 레몬즙 2큰술
- 통후추 간 것 약간
- 엑스트라 버진 올리브유 약간

1 _ 오븐은 180℃로 예열한다.
오븐팬에 자투리 채소를 올리고
소금, 통후추 간 것, 엑스트라 버진
올리브유를 약간씩 뿌린 후 예열된
오븐에서 6분간 구운 후 식힌다.
* 풍미는 조금 다르지만 팬에 구울 경우
채소를 과정 ⑦처럼 썰어
달군 팬에 넣고 중간 불에서
10~12분간 노릇하게 구워요.

2 _ 믹스 샐러드는 다지듯이 잘게 썬다.

3 _ 닭가슴살은 모양대로 얇게 썬 후
닭가슴살 양념 재료를 골고루 뿌린다.

4 _ 달군 팬에 닭가슴살을 넣고 센 불에서
6~8분간 타지 않게 뒤집어가며
노릇하게 구운 후 한김 식힌다.

＊ 두꺼워서 속이 잘 익지 않았다면
썰어서 한번 더 구워요.

5 _ 볼에 쿠스쿠스, 동량의 뜨거운 물
(끓여서 한김 식힌 70~80℃의 물)을
넣고 3분 정도 보슬보슬하게 익힌다.

＊ 퀴노아로 대체할 경우
끓는 물에 4분 30초 정도 데쳐요.

6 _ ⑤에 쿠스쿠스 양념 재료를 넣고
주걱으로 골고루 섞는다.

7 _ ①의 구운 채소는 사방 1.5~2cm
크기로 깍둑썬다.

8 _ ④의 닭가슴살도 사방 1.5~2cm
크기로 깍둑썬다. 모든 재료를 그릇에
담고 드레싱을 곁들인다.

아시안 누들 샐러드

+ 생강 미소 드레싱

기본적으로 생소면을 이용해 만들지만 소바면, 우동면 등 평소 좋아하는
다양한 면으로 바꿔보세요. 면에 따라 색다른 맛으로 즐길 수 있답니다.
도시락으로 준비할 경우 곤약면을 사용하면 붇지 않아요.

드레싱 만들기 생강 미소 드레싱

• 생강청 2큰술(또는 생강즙이나
  다진 생강 1작은술 + 꿀 1큰술)
• 미소된장 1과 1/2큰술~2큰술
• 레몬즙 2큰술
• 식초 1큰술
• 참기름 2큰술
• 포도씨유 2큰술(또는 카놀라유)
• 생수 2큰술

→ 볼에 모든 재료를 넣고 섞는다.

*미소된장 대신 일반 된장을
사용할 경우 된장의 양을 1큰술로
줄이고, 맛술과 올리고당을 약간씩
더하면 맛이 부드러워져요. 된장의
양은 기호에 따라 조절하세요.

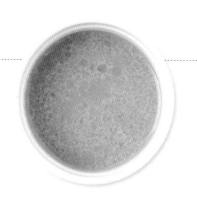

샐러드 만들기 2~3인분 / 20~25분

• 생소면 300g(또는 다른 국수)
• 알배추 1/8통(100g)
• 당근 1/5개(40g)
• 홍고추 1개
• 실파 3줄기

1 _ 알배추, 당근은 채 썰고, 홍고추는 어슷 썬다. 실파는 4~5cm 길이로 썬다.

2 _ ①의 채소를 찬물에 헹군 후 체에 밭쳐 물기를 뺀다.

3 _ 생소면은 끓는 물에 넣고 삶은 후(포장지 조리시간 참고, 보통 센 불에서 3~4분)
    찬물에 헹군 다음 체에 밭쳐 물기를 뺀다.

4 _ 모든 재료와 드레싱을 가볍게 버무려 그릇에 담는다.

1

3

새우 우동 샐러드

+ 참깨 마요 드레싱

쫄깃한 우동 면발과 다양한 채소, 고소하면서도 크리미한
참깨 마요 드레싱으로 만들어 남녀노소 좋아하는 샐러드예요. 메밀면으로 바꿔
차갑게 즐겨도 별미랍니다. 도시락에는 우동면 대신 숏파스타를 활용하세요.

드레싱 만들기 참깨 마요 드레싱

- 통깨 3큰술
- 마요네즈 7큰술
- 양조식초 3큰술(또는 다른 식초)
- 설탕 1큰술
- 올리고당 1큰술
- 양조간장 1큰술
- 참기름 2큰술
- 생수 2큰술

⋯→ 통깨를 먼저 곱게 간 후 볼에
모든 재료를 넣고 섞는다.

* 통깨는 전용 깨갈이나 절구에
갈아요. 도구가 없다면 깨가 튀지
않도록 위생백에 담아 밀대로 밀거나
빻아서 준비해요.

샐러드 만들기 2~3인분 / 25~35분

- 우동면 2팩(약 400g)
- 양상추 1/4통(약 100g)
- 치커리 약 1줌(50g)
- 방울토마토 7~8개
- 적양파 1/2개(또는 양파)
- 칵테일새우 약 2/3컵(100g)

1 _ 양상추, 치커리는 먹기 좋은 크기로 썰고, 방울토마토는 2등분한다.

2 _ 적양파는 결 반대로 동그란 모양을 살려 얇게 썬다. 찬물에 10~15분 정도 담근 후
체에 밭쳐 물기를 뺀다.

3 _ 칵테일새우는 끓는 물(물 5컵 + 소금 1작은술)에 넣어 1~2분간 데친 후
물기를 뺀다.

4 _ 우동면은 끓는 물에 넣고 삶은 후(포장지 조리시간 참고, 보통 센 불에서
2분 30초~3분) 찬물에 헹군 다음 체에 밭쳐 물기를 뺀다.

5 _ 모든 재료와 드레싱을 가볍게 버무려 그릇에 담는다.

타이식 비빔국수 샐러드

+ 타이식 땅콩 드레싱

바질향을 입혀 바삭하게 구운 돼지고기와 쌀국수에 타이식 땅콩 드레싱을 더해
이국적인 맛을 느낄 수 있어요. 매콤하면서도 짭짤한 맛에 계속 손이 가는 메뉴랍니다.
덮밥으로 즐겨도 별미이니 도시락에는 덮밥으로 준비해보세요.

드레싱 만들기 타이식 땅콩 드레싱

- 피쉬소스 1큰술
  (또는 까나리액젓, 멸치액젓)
- 땅콩버터 1큰술
- 레몬즙 2큰술
- 양조식초 1큰술(또는 다른 식초)
- 황설탕 1/2큰술(또는 설탕)
- 포도씨유 4큰술(또는 카놀라유)

···▶ 볼에 모든 재료를 넣고 섞는다.

샐러드 만들기 2~3인분 / 35~40분

- 쌀국수 150g
- 돼지고기 다짐육 200g
- 오이 1/2개(100g)
- 홍고추 1개
- 바질 10장
- 볶은 땅콩 2큰술
- 다진 마늘 1큰술
- 양조간장 1큰술
- 스위트 칠리소스 1큰술
- 레몬즙 2큰술
- 식용유 1~2큰술

1 _ 쌀국수는 찬물에 담가 30분간 불린다.

2 _ 오이는 얇게 썰고, 홍고추는 반으로 갈라 씨를 뺀 후 길게 채 썬다.
바질은 굵게 썰거나 손으로 찢는다. 볶은 땅콩은 굵게 다진다.

3 _ 달구지 않은 팬에 식용유 1~2큰술을 두르고 돼지고기 다짐육을 넣어 센 불에서
3~4분간 튀기듯이 노릇하게 볶는다.
  * 팬에 닿은 쪽이 먼저 노릇하게 익은 다음에 볶으면 구운 맛이 나서 더 맛있어요.

4 _ 다진 마늘, 양조간장, 스위트 칠리소스를 넣고 타지 않게 주의하면서 2분 더 볶는다.

5 _ 불에서 내린 후 바질의 1/2 분량을 넣고 섞는다.

6 _ 쌀국수는 끓는 물에 넣고 30초간 데친 후 찬물에 헹군 다음 체에 밭쳐 물기를 뺀다.

7 _ 쌀국수, 오이, 돼지고기와 드레싱을 가볍게 버무려 그릇에 담은 후 남은 바질과
홍고추, 땅콩을 올린다.

2

3

5

리가토니 그린빈 샐러드

+ 바질 페스토

리가토니는 구멍이 뚫린 숏파스타예요.
면이 두꺼운 편이라 식감이 특히 쫄깃하고 잘 퍼지지 않는 특징이 있답니다.
표면에 작은 홈이 있어 페스토 같은 소스가 잘 묻기 때문에 차가운 샐러드에 많이 사용돼요.

드레싱 만들기 바질 페스토

- 바질 100g
- 그라나파다노 치즈 50g
  (또는 파르미지아노 레지아노 치즈)
- 볶은 땅콩 약 1/2컵
  (또는 다른 견과류, 50g)
- 엑스트라 버진 올리브유
  약 3/4컵(150g)
- 다진 마늘 1큰술(또는 마늘 2쪽)
- 소금 1작은술

→ 푸드프로세서에 모든 재료를 넣고
곱게 간다.

*시판 바질 페스토를 사용해도
되지만 향이 약하다는 단점이 있어요.
직접 만든 페스토는 냉장(7~10일)
또는 냉동(6개월) 보관 가능하며,
얼음틀에 얼려 지퍼백에 담아
냉동 보관하면 편하게 사용할 수
있어요.

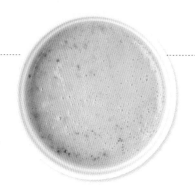

샐러드 만들기 2인분 / 25~35분

- 리가토니 150g(또는 다른 숏파스타)
- 생새우살 킹사이즈 12마리
- 줄기콩 10개(또는 아스파라거스 3~4개)
- 블랙올리브 10개
- 방울토마토 10개
- 소금 약간
- 통후추 간 것 약간
- 바질 페스토 1/2컵

1 _ 냄비에 재료 데칠 물(물 7컵 + 소금 1큰술)을 끓인다.
생새우살은 꼬리를 제거한 후 사진과 같이 등에 칼집을 넣는다.

2 _ 물이 끓으면 먼저 줄기콩을 넣고 30초간 데친 후 체로 건져 찬물에 헹궈
물기를 뺀다.

3 _ 끓는 물에 리가토니를 넣고 16분간 삶은 후 체로 건져 물기를 뺀다.

4 _ 마지막으로 끓는 물에 생새우살을 넣고 1~2분간 익힌 후 체로 건져 물기를 뺀다.

5 _ 데친 줄기콩은 어슷하게 2등분하고, 블랙올리브와 방울토마토는 2등분한다.

6 _ 모든 재료와 바질 페스토(1/2컵)를 가볍게 버무려 그릇에 담는다.

멕시칸 콘 파스타 샐러드

+ 할라페뇨 요거트 드레싱

일명 '마약 옥수수'와 숏파스타로 만드는 멕시코식 매콤한 파스타 샐러드예요.
매콤 새콤하면서 크리미한 드레싱이 재료와 어우러져
입맛을 사로잡는답니다. 구운 또띠아를 곁들이면 더 든든해요.

드레싱 만들기 할라페뇨 요거트 드레싱

- 할라페뇨 슬라이스 1/2컵
- 떠먹는 플레인 요구르트 6과 1/2큰술
- 마요네즈 6과 1/2큰술
- 다진 마늘 1/2큰술(또는 마늘 1쪽)
- 다진 고수 약간(또는 파슬리가루)
- 레몬즙 1큰술
- 꿀 2큰술(또는 올리고당이나 아가베시럽)
- 엑스트라 버진 올리브유 2큰술
- 소금 1작은술

⋯→ 푸드프로세서에 모든 재료를 넣고 곱게 간다.

샐러드 만들기 2~3인분 / 25~30분

- 까사레치아 2컵
  (또는 다른 숏파스타)
- 통조림 옥수수 1컵
- 레몬 1/2개
- 방울토마토 12개
- 할라페뇨 슬라이스 10개

옥수수 양념
- 파마산 치즈가루 1큰술
- 양파가루 1큰술(생략 가능)
- 버터 1/2큰술
- 꿀 1큰술
  (또는 올리고당이나 아가베시럽)
- 파프리카 파우더 2작은술
  (생략 가능)
- 파슬리가루 1작은술

1 _ 까사레치아는 끓는 물(물 7컵 + 소금 1큰술)에 15분간 삶아 체에 받쳐 물기를 뺀다.

2 _ 오븐은 180℃로 예열한다. 통조림 옥수수는 체에 받쳐 물기를 뺀다. 오븐팬에 넣고 옥수수 양념과 섞은 후 오븐에서 6~8분간 굽는다.
   * 풍미는 조금 다르지만 달군 팬에 옥수수와 양념을 넣고 중약 불에서 5~8분간 노릇하게 구워도 돼요.

3 _ 레몬은 얇게 썰고, 방울토마토는 2등분한다.

4 _ 모든 재료와 드레싱을 가볍게 버무려 그릇에 담는다.

(tip) 아이용으로 맵지 않게 만들기

재료의 할라페뇨를 빼고, 드레싱의 할라페뇨는 오이피클로 대체해요.

BLT 마카로니 샐러드

+ 사우전 아일랜드 드레싱

발상의 전환! 샌드위치로 자주 먹는 B.L.T(베이컨, 상추, 토마토)를
샐러드로 재해석한 메뉴예요. 여기에 구운 빵을 곁들이면
떠먹는 BLT 샌드위치가 된답니다. 푸짐해서 여럿이 함께 먹기 좋아요.

드레싱 만들기 사우전 아일랜드 드레싱

- 삶은 달걀 1개
- 마요네즈 7큰술
- 토마토케첩 2큰술
- 다진 피클 1큰술
- 다진 양파 1큰술
- 레몬즙 1큰술
- 핫소스 1/2작은술(생략 가능)

→ 삶은 달걀(22쪽)을 다진 후
볼에 모든 재료를 넣고 섞는다.

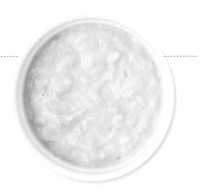

샐러드 만들기 2~3인분 / 20~25분

- 마카로니 1컵(또는 다른 숏파스타)
- 베이컨 6줄
- 통로메인 1~2개(또는 다른 잎채소)
- 방울토마토 10개
- 멕시칸 슈레드 치즈 1/2컵
  (또는 슈레드 치즈,
  채 썬 슬라이스 치즈)
- 구운 빵 1~2쪽

1 _ 마카로니는 끓는 소금물(물 7컵 + 소금 1큰술)에 13분간 삶은 후
체에 밭쳐 물기를 뺀다.

2 _ 달군 팬에 식용유를 두르지 않고 베이컨을 올려
중간 불에서 2~3분간 노릇하게 굽는다.

3 _ 통로메인은 밑동을 잘라낸 후 3~4cm 크기로 썬다.
방울토마토는 2등분하고, 구운 베이컨은 큼직하게 썬다.

4 _ 그릇에 모든 재료를 담고 드레싱을 뿌린다.

1

2

3

판자넬라 샐러드

+ 머스터드 비네그렛

판자넬라는 남은 빵을 구워서 토마토, 양파, 올리브 등과 함께 먹는
이탈리아 토스카나식 브레드 샐러드예요. 어떤 빵을 사용해도 좋지만 가급적 브리오슈, 식빵 같은
부드러운 빵을 추천합니다. 치아바타는 오래 구우면 딱딱해지니 주의해요.

드레싱 만들기 머스터드 비네그렛

- 디종 머스터드 1작은술
- 소금 1작은술
- 설탕 1큰술
- 꿀 1큰술(또는 올리고당이나 아가베시럽)
- 화이트와인식초 1큰술(또는 다른 식초)
- 레몬즙 1큰술
- 말린 오레가노 1/4작은술(생략 가능)
- 엑스트라 버진 올리브유 3큰술

→ 볼에 모든 재료를 넣고 섞는다.

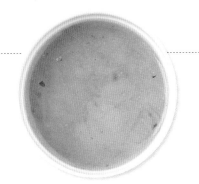

샐러드 만들기 2~3인분 / 25~30분

- 러스크 1컵(25쪽)
- 통로메인 1~2개(또는 다른 잎채소)
- 블랙올리브 10개
- 방울토마토 6~8개
- 적양파 1/2개(또는 양파)
- 달걀 2개
- 바질 2~3장(생략 가능)

1 _ 러스크는 25쪽을 참고해 준비한다.

2 _ 통로메인은 밑동을 잘라낸 후 3~4cm 크기로 썰고,
블랙올리브와 방울토마토는 2등분한다.

3 _ 적양파는 결 반대로 동그란 모양을 살려 얇게 썬다.
찬물에 10~15분 정도 담근 후 체에 밭쳐 물기를 뺀다.

4 _ 달걀은 볼에 깨서 넣는다.

5 _ 냄비에 물(5컵), 소금(1작은술), 식초(1큰술)를 넣고 중간 불에서 끓인다.
80℃ 정도로 끓으면(바글바글 끓지는 않지만 뜨거운 김이 나는 정도)
볼에 담아둔 달걀을 살살 붓고 2분 30초간 익혀 수란을 만든 후 체로 건진다
(자세히 보기 20쪽).

6 _ 그릇에 모든 재료를 담고 드레싱을 뿌린다.

2

3

Dinner

저녁 식사샐러드

소중한 사람들과 함께하는 저녁 식사에 어울리는 푸짐하고 근사한 샐러드를 소개합니다.
메인 요리에 곁들이기 좋은 가벼운 샐러드부터 메인으로도 손색없는 육류와 해산물 샐러드까지
다양하게 준비했어요. 대부분 단백질이 풍부해서 저녁 내내 든든하답니다.

스팀 베지터블 샐러드

+ 캐슈넛 알프레도

채소의 소화 흡수를 가장 좋게 하는 조리법은 바로 부드럽게 익히는 찜인데요, 삶는 조리법보다
영양소 손실도 적고 소화도 잘 되기 때문에 어린이나 노약자, 다이어터에게 특히 추천합니다.
캐슈넛 알프레도는 유제품이 들어가지 않는 식물성 크림으로, 굽거나 찐 채소류와 잘 어울리는 딥소스예요.

드레싱 만들기 캐슈넛 알프레도

- 캐슈넛 1/2컵
- 무가당 귀리우유 1/2컵
  (또는 두유, 아몬드우유)
- 마늘 1쪽
- 레몬즙 1/2큰술
- 설탕 1/2작은술
- 소금 1/2작은술

→ 냄비에 캐슈넛과 잠길 만큼의 물을
  붓고 중간 불에서 10분간 삶는다.
  푸드프로세서에 삶은 캐슈넛과
  나머지 재료를 넣고 곱게 간다.
  * 귀리우유가 가당 제품이면
  설탕은 생략해요.

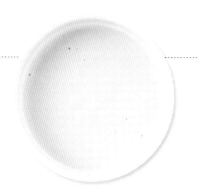

샐러드 만들기 2~3인분 / 25~35분

- 단호박 1/2개(400g)
- 연근 지름 5cm, 길이 10cm(약 150g)
- 고구마 1개(200g)
- 브로콜리 1/2개(150g)
- 파프리카 1개(200g)

1 _ 단호박은 필러로 거친 겉부분만 벗겨낸 후 씨를 제거한다.
  연근은 필러로 껍질을 벗긴다.

2 _ 손질한 단호박과 연근, 고구마는 먹기 좋은 크기로 썬다.

3 _ 브로콜리, 파프리카는 손질해 먹기 좋은 크기로 썬다.

4 _ 김이 오른 찜기에 모든 채소를 넣고 10~15분간 찐다.
  * 파프리카의 아삭한 식감을 원한다면 처음부터 같이 찌지 않고
  완성 2분 전에 넣어요.

5 _ 그릇에 모든 재료를 담고 캐슈넛 알프레도를 찍어 먹는다.
  * 채소의 맛을 제대로 즐기기 위해 따로 간을 하지 않는데,
  마지막에 소금, 통후추 간 것, 엑스트라 버진 올리브유를 약간씩 뿌려도 좋아요.

(tip) 채소 사용하기
당근, 감자, 콜리플라워, 애호박 등 단단한 채소라면 어떤 것이든 대체 가능해요.

1

2

3

모둠 버섯 샐러드

+ 홀그레인 머스터드 드레싱

채식 하는 분들이 가장 좋아하는 채소 중 하나가 바로 다양한 버섯이 아닐까 싶어요.
고기처럼 쫄깃한 식감과 맛, 향, 영양소까지 밸런스가 참 좋은 재료지요.
버섯 샐러드에 수란을 톡 터트려 섞어 먹으면 고소하고 부드러운 맛이 참 좋답니다.

드레싱 만들기 홀그레인 머스터드 드레싱

- 홀그레인 머스터드 1작은술
- 화이트와인식초 1큰술(또는 다른 식초)
- 레몬즙 1큰술
- 엑스트라 버진 올리브유 3큰술
- 꿀 1큰술(또는 올리고당이나 아가베시럽)
- 설탕 1큰술
- 소금 1작은술

⟶ 볼에 모든 재료를 넣고 섞는다.

샐러드 만들기 2인분 / 20~25분

- 버섯 400~450g(새송이버섯,
  표고버섯, 백만송이버섯 등)
- 치커리 1줌(또는 다른 잎채소, 50g)
- 달걀 2개
- 다진 파슬리 약간(생략 가능)

버섯 양념
- 엑스트라 버진 올리브유 2~3큰술
- 소금 약간
- 통후추 간 것 약간

1 _ 오븐은 180℃로 예열한다. 버섯, 치커리는 먹기 좋은 크기로 썬다.

2 _ 오븐팬에 버섯을 펼쳐 담고 버섯 양념을 골고루 뿌린 후
180℃로 예열된 오븐에서 6분간 굽는다.
  * 풍미는 조금 다르지만 달군 팬에 버섯을 올려 중간 불에서 5~10분간
  앞뒤로 노릇하게 구워도 돼요.

3 _ 달걀은 볼에 깨서 넣는다.

4 _ 냄비에 물(5컵), 소금(1작은술), 식초(1큰술)를 넣고 중간 불에서 끓인다.
80℃ 정도로 끓으면(바글바글 끓지는 않지만 뜨거운 김이 나는 정도)
볼에 담아둔 달걀을 살살 붓고 2분 30초간 익혀 수란을 만든 후 체로 건진다
(자세히 보기 20쪽).

5 _ 그릇에 모든 재료를 담고 드레싱을 뿌린다.
  * 그라나파다노 치즈(또는 파르미지아노 레지아노 치즈)를 갈아 올리면
  풍미가 더욱 좋아요.

1-1

1-2

2

니스 샐러드

+ 머스터드 비네그렛

프랑스 니스 지방의 전통 샐러드로 토마토, 감자, 달걀, 참치 등으로 만들어
푸짐하게 즐길 수 있어요. 채소는 레시피에 제시된 것 외에 다른 것들을 사용해도 좋습니다.
냉장고에 있는 자투리 채소를 활용해보세요.

드레싱 만들기 머스터드 비네그렛

- 디종 머스터드 1작은술
- 소금 1작은술
- 설탕 1큰술
- 꿀 1큰술(또는 올리고당이나 아가베시럽)
- 화이트와인식초 1큰술(또는 다른 식초)
- 레몬즙 1큰술
- 말린 오레가노 1/4작은술(생략 가능)
- 엑스트라 버진 올리브유 3큰술

⟶ 볼에 모든 재료를 넣고 섞는다.

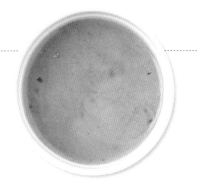

샐러드 만들기 2~3인분 / 35~40분

- 믹스 샐러드 2줌(13쪽,
  또는 시판이나 다른 잎채소, 140g)
- 알감자 10~12개
  (또는 감자 1~2개, 300g)
- 달걀 2개
- 통조림 참치 1캔
  (살코기 작은 것, 100g)
- 줄기콩 10개
  (또는 아스파라거스 3~4개)
- 방울토마토 5개
- 적양파 1/2개(또는 양파)
- 블랙올리브 7~8개

1 _ 믹스 샐러드는 13쪽을 참고해 준비한다. 알감자는 솔로 깨끗이 씻은 후
껍질째 2등분한다.

2 _ 냄비에 알감자, 잠길 만큼의 물, 소금(1작은술)을 넣고 센 불에서 끓어오르면
중간 불로 줄여 14~16분간 익힌 후 체에 밭쳐 물기를 뺀다.
*감자는 너무 센 불로 익히지 말고 물이 끓으면 불을 줄인 후
천천히 익혀야 깨지지 않고 속까지 잘 익어요.

3 _ 적양파는 결 반대로 동그란 모양을 살려 얇게 썰고
찬물에 10~15분 정도 담근 후 체에 밭쳐 물기를 뺀다.

4 _ 냄비에 물(3컵), 소금(1/2작은술), 식초(1작은술)와 달걀을 넣고
나무주걱으로 살살 굴려가며 센 불에서 끓인다. 끓어오르면 중간 불로 줄여
12분간 삶은 후 흐르는 찬물에 열기를 식혀 껍데기를 벗긴다(자세히 보기 22쪽).

5 _ 줄기콩은 끓는 물(물 5컵 + 소금 1작은술)에 30초간 데친 후 찬물에 헹궈 물기를 뺀다.

6 _ 데친 줄기콩은 어슷하게 2등분하고, 방울토마토는 2등분한다.

7 _ 그릇에 모든 재료를 담고 드레싱을 뿌린다.
*기호에 따라 참치의 기름을 빼고 사용해도 좋아요.

2

3

6

치킨 시저 샐러드

+ 시저 드레싱

1920년대 미국에서 만들어져 전 세계에서 사랑받는 샐러드예요.
통로메인을 사용해 더 푸짐하고 멋스럽답니다. 마지막에 머스터드 비네그렛(47쪽)을 더하고
치즈를 듬뿍 갈아 올리면 더 맛있게 먹을 수 있어요.

드레싱 만들기 시저 드레싱 ···

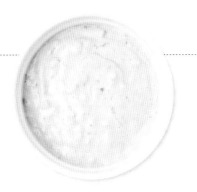

- 곱게 다진 앤초비 2마리분
- 다진 양파 1/2큰술
- 다진 케이퍼 1/2큰술(또는 다진 피클)
- 마요네즈 6~7큰술
- 발사믹식초 1/2큰술
- 레몬즙 1작은술
- 핫소스 1/2작은술(생략 가능)
- 디종 머스터드 1/2작은술
  (또는 홀그레인 머스터드)
- 올리고당 1큰술
- 엑스트라 버진 올리브유 1큰술
- 통후추 간 것 약간
- 파프리카 파우더 약간(생략 가능)

⟶ 볼에 모든 재료를 넣고 섞는다.

* 재료를 다지지 않고
푸드프로세서를 사용해도 좋아요.

샐러드 만들기 2~3인분 / 20~25분 ··

- 통로메인 1~2개
- 닭가슴살 2쪽
- 허브 러스크 1/2컵(25쪽)
- 그라나파다노 치즈 간 것 1/4컵
  (또는 파르미지아노 레지아노 치즈,
  파마산 치즈가루)
- 머스터드 비네그렛 약간
  (47쪽, 생략 가능)

닭고기 양념
- 소금 약간
- 통후추 간 것 약간
- 파프리카 파우더 약간(생략 가능)
- 엑스트라 버진 올리브유 약간

1 _ 허브 러스크는 25쪽, 머스터드 비네그렛은 47쪽을 참고해 준비한다.

2 _ 통로메인은 길게 2등분한다.

3 _ 닭가슴살에 닭고기 양념 재료를 뿌린다.

4 _ 오븐팬에 닭가슴살을 넣고 180℃로 예열된 오븐에서 12분간 구운 후
먹기 좋게 썬다. * 풍미는 조금 다르지만 달군 팬에 닭가슴살을 넣고
중간 불에서 8~10분간 노릇하게 구워도 돼요. 두꺼워서 속이 잘 익지 않았다면
썰어서 한번 더 구워요.

5 _ 그릇에 통로메인을 올리고 시저 드레싱을 뿌린 후
닭가슴살, 허브 러스크, 그라나파다노 치즈, 머스터드 비네그렛을 뿌린다.
* 되직한 시저 드레싱은 통로메인 속까지 스며들지 않으므로 오일 베이스의
머스터드 비네그렛을 한번 더 뿌려주면 속까지 드레싱이 잘 스며들어 맛있어요.

2

4

닭가슴살 비트 샐러드

+ 레드와인 드레싱

화려한 색으로 눈길을 먼저 사로잡는 샐러드예요. 비트는 발사믹식초를 뿌려 구워서
생으로 먹는 것보다 비트 특유의 향이 적답니다. 또 하나의 포인트는 쫀득하고 달콤한 곶감!
곶감이 없다면 건살구나 건자두 같은 말린 과일로 대체 가능해요.

드레싱 만들기 레드와인 드레싱

- 다진 적양파 1큰술(또는 양파)
- 레드와인식초 2큰술(또는 발사믹식초)
- 레몬즙 1큰술
- 엑스트라 버진 올리브유 2큰술
- 포도씨유 2큰술(또는 카놀라유)
- 디종 머스터드 1작은술
  (또는 홀그레인 머스터드)
- 꿀 1큰술(또는 올리고당이나 아가베시럽)
- 설탕 1작은술
- 소금 1작은술
- 통후추 간 것 약간

➠ 볼에 모든 재료를 넣고 섞는다.

＊엑스트라 버진 올리브유만
사용하면 쓴맛이 날 수 있기 때문에
포도씨유를 함께 사용해요.

샐러드 만들기 2~3인분 / 30~40분

- 닭가슴살 2쪽
- 비트 1개(400g)
- 오이 1/2개(100g)
- 곶감 1개(또는 다른 건과일)
- 민트 약간(생략 가능)
- 소금 약간
- 통후추 간 것 약간
- 식용유 약간

비트 양념
- 발사믹식초 3큰술
- 메이플시럽 2큰술(또는 올리고당)
- 엑스트라 버진 올리브유 2큰술
- 소금 약간
- 통후추 간 것 약간

1 _ 오븐은 160℃로 예열한다.
비트는 필러로 껍질을 벗기고 사방 1~1.5cm 크기로 깍둑썬다.

2 _ 오븐팬에 비트를 넣고 비트 양념 재료를 뿌려 버무린 후 160℃로 예열된
오븐에서 12~15분간 굽는다. ＊풍미는 조금 다르지만 달군 팬에 비트를 넣고
중간 불에서 12~15분간 노릇하게 구워도 돼요.

3 _ 닭가슴살은 앞뒤로 소금, 통후추 간 것을 약간씩 뿌린다. 달군 팬에 식용유를
두르고 중간 불에서 8~10분간 노릇하게 구운 후 사방 1~2cm 크기로 썬다.
＊두꺼워서 속이 잘 익지 않았다면 썰어서 한번 더 구워요.

4 _ 오이는 길게 4등분한 후 안쪽의 씨를 제거하고 한입 크기로 썬다.
소금(1/2작은술)을 뿌려 5분간 절인 후 손으로 물기를 가볍게 짠다.

5 _ 곶감은 펼쳐서 씨를 빼고 얇게 썬다.

6 _ 닭가슴살, 비트, 오이, 곶감을 드레싱과 가볍게 버무려
그릇에 담은 후 민트를 올린다.

2

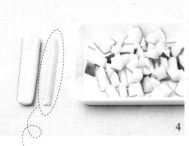

4

5

스파이시 치킨 샐러드

+ 페리페리 소스

유명 치킨 브랜드의 매콤한 소스에서 착안해 페리페리 소스를 만들었어요.
이 소스는 지금처럼 뿌려 먹어도 맛있지만 마리네이드해서 구웠을 때 더 맛있답니다.
닭고기에 페리페리 소스를 발라 바비큐로도 즐겨보세요.

드레싱 만들기 페리페리 소스

- 빨간 파프리카 2개(400g)
- 할라페뇨 2큰술
- 핫소스 1큰술
- 파프리카 파우더 1큰술(생략 가능)
- 다진 마늘 1큰술
- 레몬즙 1큰술
- 설탕 1큰술
- 올리고당 1큰술
- 엑스트라 버진 올리브유 1큰술
- 소금 1작은술
- 셀러리잎 2~3장(또는 파슬리)

···▶ 샐러드 만들기 과정 ①을 참고해 파프리카를 굽는다. 푸드프로세서에 모든 재료를 넣고 곱게 간다.

* 태국 고추나 페페론치노, 청양고추 등을 함께 갈면 더욱 매콤해요.

샐러드 만들기 2인분 / 25~35분

- 닭다리살 4쪽(360~400g)
- 믹스 샐러드 2줌(13쪽, 또는 시판이나 다른 잎채소, 140g)
- 소금 약간
- 통후추 간 것 약간
- 머스터드 비네그렛 2큰술 (47쪽, 생략 가능)
- 식용유 약간
- 다진 파슬리 약간(생략 가능)

1 _ 믹스 샐러드는 13쪽, 머스터드 비네그렛은 47쪽을 참고해 준비한다.

2 _ 오븐은 200℃로 예열한다. 드레싱의 파프리카를 반으로 썰어 꼭지와 씨를 제거하고 오븐팬에 껍질이 닿도록 올린다. 15분간 구운 후 꺼내 한김 식혀 드레싱에 활용한다.

3 _ 닭다리살은 간이 잘 배도록 중간중간 칼집을 넣은 후 소금, 통후추 간 것을 뿌린다.

4 _ 달군 팬에 식용유를 두르고 닭다리살의 껍질이 팬에 닿도록 올린 후 중간 불에서 15분간 노릇하게 굽는다.

* 두꺼워서 속이 잘 익지 않았다면 썰어서 한번 더 구워요.

5 _ 그릇에 믹스 샐러드, 닭다리살을 담는다. 믹스 샐러드에는 머스터드 비네그렛을 뿌리고, 닭다리살에는 페리페리 소스를 뿌린다. 다진 파슬리를 뿌린다.

2

4

마살라 치킨 샐러드

+ 할라페뇨 요거트 드레싱

마살라 시즈닝으로 마리네이드해서 구운 닭가슴살과 요거트 드레싱의 조합이
탄두리 치킨을 생각나게 하는 샐러드예요. 여기에 고수잎을 듬뿍 올리면
더욱 이국적인 맛을 느낄 수 있답니다.

드레싱 만들기 할라페뇨 요거트 드레싱

- 할라페뇨 슬라이스 1/2컵
- 떠먹는 플레인 요구르트 1컵(200g)
- 다진 마늘 1/2큰술(또는 마늘 1쪽)
- 꿀 2큰술(또는 올리고당이나 아가베시럽)
- 레몬즙 2큰술
- 엑스트라 버진 올리브유 5큰술
- 소금 1작은술
- 고수 약간(생략 가능)

⟶ 푸드프로세서에 모든 재료를 넣고 곱게 간다.

샐러드 만들기 2인분 / 35~40분

- 닭가슴살 3쪽
- 믹스 샐러드 2줌(13쪽, 또는 시판이나 다른 잎채소, 140g)
- 할라페뇨 슬라이스 10개
- 소금 약간
- 통후추 간 것 약간
- 고수 1컵

마살라 시즈닝
- 떠먹는 플레인 요구르트 1컵(200g)
- 다진 마늘 1큰술
- 포도씨유 1큰술(또는 카놀라유)
- 파프리카 파우더 2작은술(생략 가능)
- 케이앤페퍼 1작은술(생략 가능)
- 넛맥 파우더 1작은술(생략 가능)
- 터메릭 파우더 1작은술
  (또는 카레가루)
- 소금 약간
- 통후추 간 것 약간

1 _ 믹스 샐러드는 13쪽을 참고해 준비한다.

2 _ 닭가슴살은 칼집을 3~4번 넣은 후 소금, 통후추 간 것을 약간씩 뿌린다.

3 _ 오븐은 200℃로 예열한다. 마살라 시즈닝 재료를 섞은 후 닭가슴살을 넣고 버무려 10분간 재운다.

4 _ 오븐팬에 닭가슴살을 넣고 예열된 오븐에서 13~15분간 구운 후 먹기 좋게 썬다.
   * 풍미는 조금 다르지만 달군 팬에 닭가슴살을 넣고 중간 불에서 8~10분간
   노릇하게 구워도 돼요. 두꺼워서 속이 잘 익지 않았다면 썰어서 한번 더 구워요.

5 _ 그릇에 모든 재료를 담고 드레싱을 뿌린다.

목살 주키니 샐러드

+ 파인애플 마요 드레싱

목살 스테이크와 구운 주키니로 만든 든든한 샐러드예요. 새콤달콤한 파인애플 드레싱이
돼지고기의 느끼한 맛을 싹 잡아준답니다. 목살은 도톰한 것을 사용해야
보기에도 푸짐하고 더 맛있어요. 캠핑 요리로도 추천합니다.

드레싱 만들기 파인애플 마요 드레싱

- 파인애플 링 1개(약 70g)
- 다진 양파 1큰술
- 마요네즈 4큰술
- 식초 1큰술
- 설탕 1큰술
- 소금 1/2작은술
- 통후추 간 것 약간

⋯⟶ 푸드프로세서에 모든 재료를 넣고 곱게 간다.

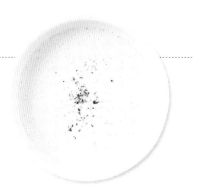

샐러드 만들기 2~3인분 / 20~30분

- 돼지고기 목살 300g
- 통로메인 1~2개(또는 다른 잎채소)
- 주키니 1/2개(250g, 또는 애호박 1개)
- 소금 약간
- 통후추 간 것 약간
- 엑스트라 버진 올리브유 약간

1 _ 오븐은 180℃로 예열한다. 주키니는 채칼을 이용해 0.5cm 두께로 슬라이스한다.
   *칼로 얇게 썰어도 좋아요.

2 _ 오븐팬에 주키니를 펼쳐 담고 소금, 통후추 간 것 , 엑스트라 버진 올리브유를
   뿌린 후 180℃로 예열한 오븐에서 3분간 굽는다.

3 _ 통로메인은 밑동을 제거한 후 4cm 길이로 썰고, 목살은 1.5~2cm 폭으로 썬다.

4 _ 달군 팬에 식용유를 두르지 않고 목살을 넣는다.
   소금, 통후추 간 것을 약간씩 뿌리고 중간 불에서 5~6분간 노릇하게 굽는다.

5 _ 그릇에 모든 재료를 담고 드레싱을 뿌린다.

(tip) 주키니 팬에서 굽기

달군 팬에 식용유를 두르고 주키니를 올린 후 소금, 통후추 간 것을 약간씩 뿌려
센 불에서 앞뒤로 1분 정도 구워요. 주키니나 애호박은 생으로도 먹을 수 있는 채소이니
너무 오래 익히는 것보다 살짝 아삭한 식감이 되도록 열을 가하는 정도로만 익혀요.

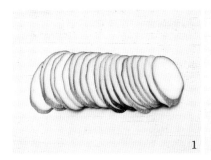

1

3

4

미트볼 알감자 샐러드

+ 랜치 드레싱

한 그릇에 5대 영양소가 모두 들어있는 알짜배기 샐러드예요.
미트볼과 알감자를 한입에 쏙쏙 먹을 수 있어 아이들과 함께 먹기도 좋답니다.
미트볼은 미리 만들어서 냉동해두면 편해요.

드레싱 만들기 랜치 드레싱

- 다진 양파 1큰술
- 마요네즈 2큰술
- 떠먹는 플레인 요구르트 2큰술
- 설탕 1작은술
- 소금 1/2작은술
- 통후추 간 것 약간
- 다진 이탈리안 파슬리 약간(생략 가능)

⟶ 볼에 모든 재료를 넣고 섞는다.

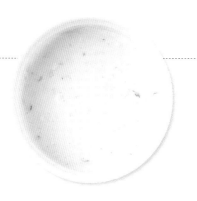

샐러드 만들기 2~3인분 / 35~45분

- 알감자 6~8개(또는 감자 1개, 200g)
- 루꼴라 약 1줌(50g)
- 버터 1큰술
- 소금 약간
- 통후추 간 것 약간
- 식용유 약간

미트볼
- 쇠고기 다짐육 400g
- 달걀 1개
- 파프리카 파우더 1큰술(생략 가능)
- 소금 1작은술
- 통후추 간 것 1작은술
- 다진 마늘 1작은술
- 빵가루 1/4컵

1 _ 오븐은 190℃로 예열한다. 볼에 미트볼 재료를 넣고 섞은 후 잘 치댄다.
작은 스쿱이나 동그란 계량스푼 등으로 떠서 미트볼(개당 약 45~50g)을 만든다.

2 _ 오븐팬에 미트볼을 올리고 식용유를 뿌린 후 190℃로 예열된 오븐에 넣어
10~15분간 굽는다. * 풍미는 조금 다르지만 팬에 구워도 돼요. 달군 팬에
식용유를 두르고 미트볼을 넣어 중간 불에서 5분간 굴려가며 겉면을 익힌 후
7~8분간 속까지 익혀요.

3 _ 알감자는 솔로 깨끗이 씻은 후 껍질째 2등분한다. 냄비에 알감자, 잠길 만큼의 물,
소금(1작은술)을 넣고 센 불에서 끓어오르면 중간 불로 줄여 15~18분간 익힌 후
체에 밭쳐 물기를 뺀다. * 감자는 너무 센 불로 익히지 말고 물이 끓으면
불을 줄인 후 천천히 익혀야 깨지지 않고 속까지 잘 익어요.

4 _ 달군 팬에 버터, 알감자를 넣고 노릇하게 구운 후 소금, 통후추 간 것을 뿌린다.

5 _ 그릇에 모든 재료를 담고 드레싱을 뿌린다.
* 홀그레인 머스터드를 찍어 먹어도 맛있어요.

타코 샐러드

+ 카탈리나 드레싱

멕시칸 타코를 한 그릇에 담았어요. 다진 쇠고기 대신 스테이크, 닭가슴살, 새우 등의 여러 가지
단백질 재료를 활용하거나 추가해도 좋습니다. 또띠아에 재료를 올려 먹으면 더 푸짐하고 맛있어요.

*카탈리나(catalina) 드레싱
토마토 풍미의 새콤달콤한
멕시칸 드레싱으로 주로 타코에 곁들인다.
집에 있는 재료만으로 손쉽게 만들 수 있으며,
시판 제품으로도 구입 가능하다.

드레싱 만들기 카탈리나 드레싱 ─────────────────

- 설탕 2큰술
- 식초 2큰술
- 포도씨유 2큰술(또는 카놀라유)
- 토마토케첩 1큰술
- 파프리카 파우더 1작은술(생략 가능)
- 다진 파슬리 1작은술(생략 가능)
- 말린 오레가노 약간(생략 가능)

⟶ 볼에 모든 재료를 넣고 섞는다.

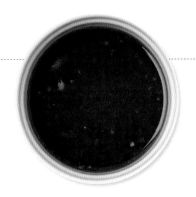

샐러드 만들기 2~3인분 / 25~35분 ─────────────────

- 쇠고기 다짐육 200g
- 통조림 옥수수 1컵
- 적양파 1/2개(또는 양파)
- 통로메인 1~2개(또는 양상추 1/2통)
- 방울토마토 10개
- 블랙올리브 8개
- 아보카도 1개
- 나쵸칩 1컵
- 멕시칸 슈레드 치즈 1/2컵(또는
  슈레드 치즈, 채 썬 슬라이스 치즈)
- 사워크림 3큰술
  (또는 되직한 그릭 요구르트)
- 식용유 약간

쇠고기 양념
- 커리 파우더 1큰술(또는 카레가루)
- 파프리카 파우더 1/2큰술(생략 가능)

1 _ 적양파는 얇게 채 썰어 찬물에 10~15분간 담근 후 체에 밭쳐 물기를 뺀다.

2 _ 로메인은 1cm 폭으로 썬다. 방울토마토는 2등분하고, 블랙올리브는 얇게 썬다.

3 _ 아보카도는 반으로 갈라 씨를 제거하고 껍질을 벗긴 후 사방 1.5cm 크기로 썬다.

4 _ 나쵸칩은 먹기 좋은 크기로 부순다.

5 _ 볼에 쇠고기 다짐육, 쇠고기 양념 재료를 섞는다.

6 _ 달군 팬에 식용유를 두르고 ⑤의 쇠고기를 넣어 센 불에서 3~5분간
   타지 않게 볶는다.

7 _ 그릇에 모든 재료를 담고 드레싱을 뿌린다.

2

3

6

스테이크 샐러드

+ 열무 페스토

스테이크인 듯 샐러드인 듯, 메인 메뉴로 손색 없는 근사한 샐러드예요.
열무 페스토는 스테이크를 찍어 먹거나 채소에 곁들여도 잘 어울린답니다.

드레싱 만들기 열무 페스토

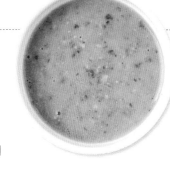

- 열무 180g(또는 루꼴라)
- 그라나파다노 치즈 80g
  (또는 파르미지아노 레지아노 치즈,
  파마산 치즈가루)
- 볶은 땅콩 약 1/2컵(60g)
- 엑스트라 버진 올리브유 1컵(200g)
- 다진 마늘 1/2큰술(또는 마늘 1쪽)
- 소금 약 2작은술(8g)

⋯→ 푸드프로세서에 모든 재료를 넣고
곱게 간다.
＊페스토는 분량이 넉넉하니 남은
것은 냉장(7일)하거나 얼음틀에 얼려
지퍼백에 담아 냉동(3개월)한 후
다양한 채소요리 및 샐러드(86쪽 보리
버섯 샐러드), 파스타 등에 활용해요.

(tip) 남은 열무로 피클 만들기 89쪽

샐러드 만들기 2인분 / 25~30분

- 쇠고기 채끝 등심 300~400g
- 통로메인 1~2개(또는 다른 잎채소)
- 방울토마토 10개
- 적양파 1/4개(또는 양파)
- 열무 페스토 2큰술
- 홀그레인 머스터드 1큰술
- 머스터드 비네그렛 약간
  (47쪽, 생략 가능)

쇠고기 양념
- 엑스트라 버진 올리브유 1~2큰술
- 소금 약간
- 통후추 간 것 약간

1 _ 적양파는 결 반대로 동그란 모양을 살려 얇게 썰고
찬물에 10~15분 정도 담근 후 체에 밭쳐 물기를 뺀다.

2 _ 통로메인은 밑동을 제거한 후 길게 4등분하고, 방울토마토는 2등분한다.

3 _ 쇠고기 채끝 등심에 쇠고기 양념 재료를 뿌린다. 달군 팬에 올려
센 불에서 한쪽면을 3~4분간 구운 후 뒤집어서 3~4분간 미디엄으로 굽는다.
＊원하는 익힘 정도에 따라 굽는 시간을 조절하세요.

4 _ ③의 스테이크를 먹기 좋게 썬 후 그릇에 로메인, 방울토마토, 적양파와
함께 담는다. 열무 페스토(2큰술)와 홀그레인 머스터드를 곁들이고 로메인에
머스터드 비네그렛을 뿌린다.

2   3

로스트 비프 샐러드

+ 참치 드레싱

송아지 안심으로 만드는
이탈리아 요리 '비텔로 토나토'를 집에서
쉽게 따라 할 수 있게 만들었어요.
언뜻 어울리지 않을 것 같은 쇠고기와
참치 드레싱의 완벽 조합에
먹어보면 깜짝 놀랄 거예요.

모둠 해산물 샐러드

+ 머스터드 오일 드레싱

데친 해산물을 사용해 깔끔하고
담백하게 즐기는 샐러드예요.
만들어서 바로 먹는 것보다
하루 전 미리 만들어 두었다가
먹으면 더 맛있답니다.

로스트 비프 샐러드

드레싱 만들기 참치 드레싱

- 통조림 참치 1캔(150g)
- 다진 양파 2큰술
- 케이퍼 1큰술(또는 피클)
- 마요네즈 5큰술
- 레몬즙 1큰술
- 엑스트라 버진 올리브유 1/2큰술
- 설탕 1작은술
- 소금 1/2작은술
- 통후추 간 것 1작은술

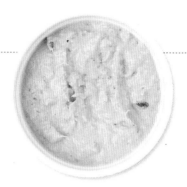

⋯→ 통조림 참치의 기름을 최대한 뺀다.
푸드프로세서에 모든 재료를 넣고
곱게 간다.

샐러드 만들기 2~3인분 / 35~45분

- 쇠고기 등심 600g
  (로스트 비프용 덩어리)
- 와일드 루꼴라 약 1줌(50g)
- 오렌지 1개
- 방울토마토 5~6개
- 식용유 4큰술
- 통후추 간 것 약간
- 엑스트라 버진 올리브유 약간

시즈닝 믹스
- 파프리카 파우더 1큰술(생략 가능)
- 터메릭 파우더 1큰술(또는 카레가루)
- 엑스트라 버진 올리브유 3큰술
- 소금 2작은술
- 통후추 간 것 1작은술

1 _ 볼에 시즈닝 믹스 재료를 섞는다.

2 _ 시즈닝 믹스를 쇠고기에 골고루 바른다.
오븐은 180℃로 예열한다.

3 _ 달군 팬에 식용유를 두르고
쇠고기를 넣어 센 불에서 뒤집어가며
4분간 겉면이 노릇하게 굽는다.

  * 오븐에 사용 가능한 무쇠나
  스탠팬을 사용하면 다음 과정에서
  그대로 오븐에 넣을 수 있어 편리해요.

4 _ 오븐팬에 쇠고기를 넣고 180℃로
예열된 오븐에서 15~18분간 더 굽는다.

  * 쇠고기가 두꺼워 안쪽까지 익기
  어렵기 때문에 오븐에서 한번 더
  구워요.

5 _ 오렌지는 칼로 양쪽 끝과 껍질을
제거한 후 속껍질 사이사이에 칼집을
넣어 과육만 떼어낸다.

6 _ 방울토마토는 2등분한다.

7 _ 로스트 비프를 얇게 썬다.

8_ 그릇에 쇠고기, 루꼴라, 오렌지,
방울토마토를 담고 드레싱, 통후추 간 것,
엑스트라 버진 올리브유를 뿌린다.

  * 머스터드 비네그렛(47쪽)을 추가하면
  더 맛있어요.

모둠 해산물 샐러드

드레싱 만들기 머스터드 오일 드레싱

- 홀그레인 머스터드 1큰술
- 레몬즙 3큰술
- 샴페인식초 3과 1/2큰술(또는 다른 식초)
- 엑스트라 버진 올리브유 6과 1/2큰술
- 다진 이탈리안 파슬리 1작은술(또는 딜)
- 소금 1작은술

⋯→ 볼에 모든 재료를 넣고 섞는다.

샐러드 만들기 2~3인분 / 50~60분

- 가리비 관자 12개(또는 키조개 관자)
- 생새우살 킹사이즈 12마리
- 오징어 1마리(250g)
- 적양파 1/4개(또는 양파)
- 셀러리 20cm
- 케이퍼 1큰술
- 그린올리브 8개
- 썬드라이 토마토 1/4컵
  (시판 또는 만들기 17쪽)

쿠르 브이용(해산물 데치는 물)
- 물 8~10컵
- 화이트와인 1/2컵(또는 맛술)
- 화이트와인식초 1/4컵
  (또는 다른 식초)
- 자투리 채소 1~2컵
  (당근, 양파, 셀러리 등)
- 레몬 1/2개
- 소금 1큰술
- 통후추 6알

1 _ 적양파, 셀러리는 약 5cm 길이로 채 썰어 찬물에 5분간 담근 후 체에 밭쳐 물기를 뺀다.

2 _ 가리비 관자는 모양대로 2등분한다.
  * 키조개 관자를 사용할 경우 가장자리의 막을 먼저 제거해요.

3_ 생새우살은 꼬리를 제거한 후 등에 칼집을 넣는다.

4_ 오징어는 다리를 잡아당겨 몸통과 분리한 후 내장을 잘라 제거한다. 눈을 잘라내고 다리 안쪽 입을 제거한다.

[세프의 노하우] 쿠르 브이용(court bouillon)을 활용한 해산물 데치기
‘쿠르 브이용’은 서양요리에서 식초와 와인, 향신료, 채소를 넣고 끓인 국물을 말하며
생선이나 고기를 데치거나 삶을 때 사용해요. 일반 물에 데치는 것보다 훨씬
부드럽고 감칠맛이 좋아집니다. 꼭 재료를 다 갖출 필요 없이 냉장고에 있는 자투리 채소,
소금, 식초, 와인(또는 맛술)만 넣어도 돼요.

5 _ 오징어를 흐르는 물에 깨끗하게
씻은 후 몸통은 링으로 썰고,
다리는 4~5cm 길이로 썬다.

6 _ 냄비에 쿠르 브이용 재료를 모두 넣고
10분간 끓인 후 건더기를 건져낸다.

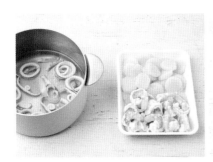

7 _ ⑥의 끓는 물에 관자, 생새우살,
오징어 순으로 각각 2~3분씩 데친 후
체로 건진다.

8_ 모든 재료와 드레싱을 가볍게 버무려
그릇에 담는다.

연어 타코 라이스 볼 샐러드

+ 토마토 살사

고소한 연어구이와 매콤한 토마토 살사가 잘 어우러진 멕시칸 스타일의 샐러드예요.
타코 라이스 볼은 토핑을 다양하게 바꿔가면서 먹을 수 있어 매력적이랍니다.
레시피에 소개된 것 외에 다양한 재료를 더해 나만의 샐러드를 만들어보세요.

드레싱 만들기 토마토 살사

- 다진 방울토마토 1/2컵
- 다진 양파 1/2컵
- 다진 할라페뇨 1큰술
- 토마토케첩 6큰술
- 레몬즙 1큰술
- 핫소스 1작은술(생략 가능)
- 큐민 파우더 1/2작은술(생략 가능)
- 설탕 1작은술
- 소금 1/2작은술
- 다진 파슬리 1/2작은술
- 통후추 간 것 약간

⟶ 볼에 모든 재료를 넣고 섞는다.

샐러드 만들기 2인분 / 30~40분

- 통곡물 라이스 1컵(26쪽)
- 스테이크용 연어필렛 1개(250~300g)
- 양상추 1/2통(200g)
- 방울토마토 7~8개
- 할라페뇨 슬라이스 1/4컵
- 올리브 10개(그린 또는 블랙)
- 오렌지주스 1컵
- 멕시칸 슈레드 치즈 1/2컵
  (또는 슈레드 치즈,
  채 썬 슬라이스 치즈)
- 다진 파슬리 약간(생략 가능)

연어 양념
- 엑스트라 버진 올리브유 1~2큰술
- 소금 약간
- 통후추 간 것 약간

1 _ 통곡물 라이스는 26쪽을 참고해 준비한다.

2 _ 연어필렛은 연어 양념 재료를 뿌려 2~3분간 둔 후 오렌지주스를 부어
마리네이드한다.

3 _ 오븐은 200℃로 예열한다. 양상추는 먹기 좋은 크기로 뜯는다.
올리브는 얇게 썰고, 방울토마토는 2등분한다.

4 _ 오븐팬에 마리네이드한 연어를 넣고 200℃로 예열된 오븐에서
15~18분간 구운 후 먹기 좋은 크기로 썬다.
  * 달군 팬에 넣고 중약 불에서 앞뒤 각각 5분씩 노릇하게 구워도 돼요.
  연어 두께에 따라 굽는 시간을 가감해요.

5 _ 그릇에 모든 재료를 담고 토마토 살사를 뿌린다.

2

3

새우 아보카도 샐러드

+ 허니 요거트 드레싱

새우와 아보카도, 통곡물 라이스까지 더해 밥처럼 먹을 수 있는 샐러드예요.
생새우살은 간편해서 좋지만 바로 껍질을 까서 굽는 새우의 맛을 따라갈 순 없지요.
대하가 제철인 가을이 되면 꼭 만들어보세요.

드레싱 만들기 허니 요거트 드레싱

- 떠먹는 플레인 요구르트 1컵(200g)
- 설탕 1큰술
- 꿀 1큰술(또는 올리고당이나 아가베시럽)
- 레몬즙 2큰술
- 엑스트라 버진 올리브유 2큰술
- 소금 1작은술
- 통후추 간 것 약간

···→ 볼에 모든 재료를 넣고 섞는다.

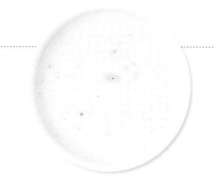

샐러드 만들기 2~3인분 / 20~30분

- 통곡물 라이스 1컵(26쪽)
- 믹스 샐러드 2줌(13쪽,
  또는 시판이나 다른 잎채소, 140g)
- 대하 12~15마리(또는 흰다리 새우,
  생새우살 킹사이즈)
- 적양파 1/2개(또는 양파)
- 아보카도 1개
- 그린올리브 10개
- 식용유 약간

대하 양념
- 파프리카 파우더 약간(생략 가능)
- 소금 약간
- 통후추 간 것 약간

1 _ 통곡물 라이스, 믹스 샐러드는 각각 26쪽, 13쪽을 참고해 준비한다.

2 _ 적양파는 결 반대로 동그란 모양을 살려 얇게 썰고
찬물에 10~15분 정도 담근 후 체에 밭쳐 물기를 뺀다.

3 _ 아보카도는 반으로 갈라 씨를 제거하고 껍질을 벗긴 후 사방 1.5cm 크기로 썬다.
그린올리브는 얇게 썬다.

4 _ 대하는 머리와 꼬리, 껍질을 제거한 후 대하 양념 재료를 뿌린다. 달군 팬에
식용유를 두르고 대하를 넣어 중간 불에서 3분간 노릇하게 굽는다.

5 _ 그릇에 모든 재료를 담고 드레싱을 뿌린다.

생참치 소바 샐러드

+ 유자 폰즈 드레싱

고급 일식집에 가지 않아도 집에서 근사한 소바 샐러드를 즐길 수 있어요.
참치, 방어 등 붉은살 생선이면 어떤 회라도 좋습니다.
소바면은 생소바면보다 건소바면이 더 잘 어울려요.

드레싱 만들기 유자 폰즈 드레싱

• 유자청 3큰술
• 양조간장 2큰술
• 식초 2큰술
• 레몬즙 2큰술
• 엑스트라 버진 올리브유 3큰술
• 생수 2큰술

⟶ 볼에 모든 재료를 넣고 섞는다.

샐러드 만들기 2인분 / 25~35분

• 참치회 200g
  (또는 다른 붉은살 생선회)
• 소바면 140g(또는 메밀면)
• 불린 미역 1/2컵
• 오이 1/2개(100g)
• 레몬 1/2개
• 유부 4~5장

1 _ 오이는 채 썰고, 레몬은 모양대로 얇게 썬다. 유부는 0.5cm 두께로 썬다.

2 _ 참치회는 사방 1.5~2cm 크기로 깍둑썬다.
   * 냉동 참치회는 소금물(물 5컵 + 소금 1작은술)에 헹군 후 체에 밭쳐
   물기를 빼고 살짝 녹여서 썰어요.

3 _ 불린 미역은 물기를 짠 후 2cm 폭으로 썬다.
   * 불린 미역은 끓는물에 30초간 데쳐서 사용하면 더 부드러워요.

4 _ 소바면은 끓는 물에 넣고 포장지에 적힌 조리시간대로 삶는다.
   찬물에 헹군 후 체에 밭쳐 물기를 뺀다.

5 _ 그릇에 모든 재료를 담고 드레싱을 뿌린다.

1

2

3

훈제오리 흑임자 샐러드

+ 오리엔탈 드레싱

훈제오리와 영양부추, 오리엔탈 드레싱을 사용한 한식 느낌의 샐러드입니다.
고기가 먹고 싶은 날에 시판 훈제오리를 사용해 간편하게 만들 수 있어요.
마지막에 뿌리는 흑임자가 맛을 몇 배 끌어올리니 꼭 더하길 바라요.

드레싱 만들기 오리엔탈 드레싱

• 양조간장 2큰술
• 양조식초 2큰술
• 설탕 2큰술
• 올리고당 1큰술
• 참기름 1큰술
• 포도씨유 4큰술(또는 카놀라유)
• 통깨 1큰술
• 생수 2큰술

→ 볼에 모든 재료를 넣고 섞는다.

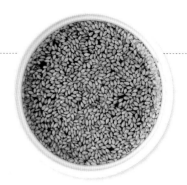

샐러드 만들기 2인분 / 20~30분

• 훈제오리 300g
• 영양부추 1줌(또는 부추, 시금치, 50g)
• 적양파 1/2개(또는 양파)
• 흑임자 3큰술

1 _ 오븐은 170℃로 예열한다. 영양부추는 6~8cm 길이로 썰고,
   적양파는 채 썰어 찬물에 5분 정도 담근 후 체에 밭쳐 물기를 뺀다.

2 _ 오븐팬에 훈제오리를 펼쳐 담고 170℃로 예열한 오븐에서 10~12분간 굽는다.
   * 달군 팬에 넣고 중간 불에서 5~6분 정도 구워도 돼요.

3 _ 흑임자는 푸드프로세서나 깨갈이를 이용해 곱게 간다.

4 _ 그릇에 영양부추, 적양파, 훈제오리를 담고 드레싱과 흑임자를 뿌린다.

구운 소시지와 알배추볶음 샐러드

잘 구운 소시지와 알배추, 열무를 살짝 볶아 따뜻하게 먹는 샐러드예요.
독일에서 소시지를 사우어크라우트와 함께 먹는 것에서 착안해 만들었습니다.
빵 한 조각을 곁들여 한 끼 식사로도 좋고, 술안주로도 잘 어울려요.

샐러드 만들기 2~3인분 / 20~25분

- 수제 소시지 6개
- 알배추 1/2통(또는 양배추, 400g)
- 열무 4줄기(또는 시금치 1줌)
- 양파 1/2개
- 엑스트라 버진 올리브유 2큰술
- 디종 머스터드 약간
  (또는 홀그레인 머스터드)

채소 양념
- 설탕 1큰술
- 애플사이다식초 3큰술
  (또는 사과주스 1과 1/2큰술 +
  식초 1과 1/2큰술)
- 디종 머스터드 1큰술
  (또는 홀그레인 머스터드)
- 소금 2작은술
- 통후추 간 것 약간
- 캐러웨이씨드 약간(생략 가능)

1 _ 알배추는 사진과 같이 결 반대로 채 썬다. 열무는 1cm 길이로 썰고,
　　양파는 채 썬다.

2 _ 채소 양념 재료를 섞는다.

3 _ 달군 팬에 엑스트라 버진 올리브유, 양파를 넣고 센 불에서 5분간 볶는다.
　　알배추, 열무를 넣고 2분간 더 볶은 후 채소 양념을 넣고 섞어 덜어둔다.
　　＊ 불세기가 약하거나 오래 볶으면 알배추에서 수분이 많이 나오니
　　센 불에서 빠르게 볶아요.

4 _ 소시지에 촘촘하게 칼집을 넣은 후 달군 팬에 넣고 중간 불에서 3~4분간
　　노릇하게 굽는다.

5 _ 그릇에 ③의 채소볶음, 소시지를 담고 디종 머스터드를 곁들인다.

애독자 테스트쿡의 한마디

애독자님들이 이 책의 모든 레시피를 검증했습니다

15년간 요리책을 만들어온 레시피팩토리의 가장 큰 자산은 저희와 함께 성장해온 애독자님들이 아닐까 싶습니다. 이 책은 바로 그 애독자 열 분이 테스트쿡으로 참여해 사전에 레시피를 따라 하며 실용성을 검증했고, 저자님이 의견을 반영해 최종 완성했습니다.

채소 요리와 샐러드 전문가인 저자님의 섬세한 노하우와 집밥을 즐기는 요리책 애독자들의 실용적인 관점이 만나 레시피팩토리가 추구하는 소장가치 높은 요리책이 만들어졌습니다.

바쁜 일정 속에서도 정성껏 레시피를 검증하며 날카로운 의견을 들려주신 애독자 테스트쿡님들에게 진심으로 감사드립니다.

"고지혈증 판정을 받고 한 끼 식사도 되는 샐러드가 없을까 찾던 차에 독자 검증단에 참여하게 되었어요. 무엇보다 메인 따로, 샐러드 따로 만드는 번거로움 없이 든든한 식사를 준비할 수 있어 좋았어요(건강은 덤!). 또한 그간 잘 몰랐던 오븐에 구운 채소 맛의 진가를 알게 되어 이제 버섯은 올리브오일을 뿌려 오븐에 구워 먹는답니다."

_ 김대업(오보에)

"샐러드는 브런치 카페나 패밀리 레스토랑에 가면 메인 음식과 함께 시키는 사이드 음식으로 인식하는 편이었어요. 근데 제가 검증한 식사샐러드들은 어렵지 않은 조리법, 쉽게 구할 수 있는 재료가 대부분이면서 포만감까지 있어 '샐러드 하나면 한 끼 충분해!' 라고 말할 수 있었어요."

_ 김수정(쭌이윤이맘)

"채식에 가까워지기 위해 이런저런 샐러드를 준비했을 때 저희집 남매가 '또 풀떼기?!'라고 하더군요. 검증단에 참여하면서 몇 가지 만들어 먹였더니 아이들 표현이 '오늘은 무슨 샐러드예요?'라는 기대 섞인 질문으로 바뀌었답니다. 특히 저녁 샐러드는 레스토랑에서 먹는 것처럼 홈파티 분위기를 낼 수 있어 참 좋았어요!"

_ 백나영(빈스맘140)

"드레싱 하면 발사믹, 오리엔탈, 마요 등만 알았던 제게 신세계를 경험하게 해준 다양한 드레싱과 색다른 식재료의 조화. 샐러드는 사이드뿐 아니라 충분히 메인 요리가 될 수 있네요. 비주얼은 덤, 완벽한 온더테이블의 완성!"

_ 양은영(꽃피우다)

"다이어트식이나 메인 요리의 사이드 메뉴로만 생각했던 샐러드가 든든한 한 끼나 푸짐한 메인 요리도 충분히 될 수 있다는 걸 알게 된 계기였어요. 또한 샐러드 속에 각국의 다양한 맛을 담을 수 있다는 것도 알았지요. 무엇보다 샐러드의 편견을 깨트려 주셔서 감사해요."
_ 우동혜(루이지안느)

"평소 원플레이트에 컬러풀하게 골고루 담아 먹는 걸 선호하는 제게 딱 맞는, 식사가 되는 샐러드였어요. 따뜻한 감자와 베이컨의 조합, 구운 새우와 채소들 그리고 맛있는 드레싱까지! 유명 브런치 전문점보다 더 퀼리티 높은 샐러드를 즐길 수 있어 좋았어요. 출간되면 책 속 메뉴들, 모두 만들어보고 싶어요."
_ 유리안(블루베베)

"저자님과 첫 만남은 오너셰프로 계신 '로컬릿'이었고, 다음 만남은 식사샐러드책 독자 검증단이었지요. 그 경험들 덕에 샐러드로 식사가 가능하겠냐고 누가 묻는다면, 건강하고 맛있는 한 끼 식사가 충분히 가능하다고 알려줄 수 있게 되었어요. 물론 식사샐러드와 함께라면요!"
_ 이득희(듀크)

"검증단에 참여하면서 즐기지 않던 채소인 주키니, 로메인, 당근에 푹 빠졌어요. 이들과 어우러진 드레싱의 절묘한 맛에도 매료되었지요. 제가 검증한 레시피 중 '새우 우동 샐러드'와 '목살 주키니 샐러드'는 한국인 입맛에 딱 맞는 재료와 드레싱의 환상적인 조합이라 먹는 내내 감탄했답니다. 강추!"
_ 이인성(택이맘)

"주재료는 대부분 익숙했지만, 부재료 중에는 처음 구입하고 맛보는 다소 낯선 재료들도 있었는데요, 그래서인지 완성된 셰프님의 식사샐러드는 미식의 세계에 한발 다가서는 느낌이었어요. 맛집의 요리를 직접 만드는 즐거움이 있었습니다."
_ 이화연(크림빵)

"샐러드 채소류는 생식으로 먹는 것이란 편견을 갖고 있었는데, 구운 채소와 스팀 채소의 참맛을 알게 된 기회였어요. 특히 비트는 다양한 조리법 덕분에 그 매력을 제대로 느끼게 되었지요. 샐러드로 어떻게 배부른 식사를 할 수 있냐고 반문하는 분들에게 '식사샐러드'라면 가능하다고 전하고 싶네요."
_ 장한나(해피짱이)

[재료별 메뉴 찾기]

<〈 매일 만들어 먹고 싶은 고메파스타〉와 **함께 보면 좋은 책**

〈 매일 만들어 먹고 싶은 고메파스타 〉
로컬릿 남정석 지음 / 144쪽

집에서 즐기는 레스토랑 파스타의 맛, 셰프의 비법이 담긴 미식 파스타

- ☑ 이탈리안 레스토랑 셰프의 시그니처 파스타, 채식파스타, 생면파스타 등 특별한 미식 메뉴 41가지
- ☑ 파스타 삶는 법, 소스의 맛과 농도 맞추기, 피니싱 터치까지 실제 레스토랑 맛의 비법 수록
- ☑ 스톡, 소스 등을 정석대로 만드는 방법, 바쁠 때나 소량 만들 때를 위한 간단 방법 함께 소개
- ☑ 레시피팩토리 애독자 사전 검증으로 실용성 높고 믿고 따라할 수 있는 레시피

> 파스타의 정석,
> 기본 업그레이드, 트렌드
> 모든 걸 다 잡은
> 파스타의 교과서 같은 책이에요.
>
> – 온라인 서점 교보문고
> ba******* 독자님 –

영양 밸런스 딱 맞춘
만들기도, 먹기도 편한 한그릇 건강식

- ☑ 일상의 건강식은 물론 도시락, 브런치로 좋은
  포케볼, 샐러드볼, 요거트볼, 수프볼 55가지

- ☑ 열량 250~600kcal, 탄단지 비율 약 50 : 25 : 25로
  균형 있게 개발한 간편하고 맛있는 한 끼

- ☑ 건강 다이어트 요리잡지 〈더라이트〉 헤드쿡이었던
  저자의 꼼꼼한 영양분석과 맛 보장 레시피

- ☑ 식사 준비를 수월하게 하는 밀프렙 방법,
  냉장고 재료를 소진할 대체재료 활용법 소개

〈 매일 만들어 먹고 싶은 탄단지 밸런스 건강볼 〉
배정은 지음 / 180쪽

내 몸이 달라지는 하루 한 잔,
채소과일식 전문가의 10년 노하우

- ☑ 식품영양학 박사이자 채소과일식 전문가의
  맛, 영양, 질감, 색까지 고려한 57가지 메뉴

- ☑ 생채소, 생과일 스무디부터 따뜻하게 마실 수 있는
  채소수프까지 일 년 내내 즐길 수 있는 건강음료

- ☑ 구하기 쉽고 친숙한 재료를 반복적으로 사용해
  남는 재료 없이 누구나 쉽게 따라 할 수 있는 레시피

- ☑ 체중 조절, 채소 먹는 습관 등 상황에 맞게
  고를 수 있는 셀프 디톡스 프로그램 소개

〈 매일 만들어 먹고 싶은 디톡스 스무디 & 건강음료 〉
베지어클락 김문정 지음 / 184쪽

매일 만들어 먹고 싶은

식사샐러드

1판 1쇄 펴낸 날	2022년 9월 26일
1판 4쇄 펴낸 날	2024년 8월 6일

편집장	김상애
편집	고영아
디자인	원유경
사진	김덕창, 정택, 엄승재(Studio DA)
애독자 테스트쿡	김대업, 김수정, 백나영, 양은영, 우동혜,
	유리안, 이득희, 이인성, 이화연, 장한나
메뉴 실용성 감수	서경선
기획·마케팅	내도우리, 엄지혜

편집주간	박성주
펴낸이	조준일

펴낸곳	(주)레시피팩토리
주소	서울특별시 용산구 한강대로 95 래미안용산더센트럴 A동 509호
대표번호	02-534-7011
팩스	02-6969-5100
홈페이지	www.recipefactory.co.kr
애독자 카페	cafe.naver.com/superecipe
출판신고	2009년 1월 28일 제25100-2009-000038호

제작·인쇄	(주)대한프린테크

값 18,800원

ISBN 979-11-92366-09-8